essentials

essentials liefern aktuelles Wissen in konzentrierter Form. Die Essenz dessen, worauf es als „State-of-the-Art" in der gegenwärtigen Fachdiskussion oder in der Praxis ankommt. *essentials* informieren schnell, unkompliziert und verständlich

- als Einführung in ein aktuelles Thema aus Ihrem Fachgebiet
- als Einstieg in ein für Sie noch unbekanntes Themenfeld
- als Einblick, um zum Thema mitreden zu können

Die Bücher in elektronischer und gedruckter Form bringen das Expertenwissen von Springer-Fachautoren kompakt zur Darstellung. Sie sind besonders für die Nutzung als eBook auf Tablet-PCs, eBook-Readern und Smartphones geeignet. *essentials:* Wissensbausteine aus den Wirtschafts-, Sozial- und Geisteswissenschaften, aus Technik und Naturwissenschaften sowie aus Medizin, Psychologie und Gesundheitsberufen. Von renommierten Autoren aller Springer-Verlagsmarken.

Weitere Bände in der Reihe http://www.springer.com/series/13088

Bernhard Kopff

Holzschutz in der Praxis

Schnelleinstieg für Architekten
und Bauingenieure

Bernhard Kopff
München, Deutschland

ISSN 2197-6708   ISSN 2197-6716   (electronic)
essentials
ISBN 978-3-658-21487-6   ISBN 978-3-658-21488-3   (eBook)
https://doi.org/10.1007/978-3-658-21488-3

Die Deutsche Nationalbibliothek verzeichnet diese Publikation in der Deutschen Nationalbibliografie; detaillierte bibliografische Daten sind im Internet über http://dnb.d-nb.de abrufbar.

Springer Vieweg

Gedruckt auf säurefreiem und chlorfrei gebleichtem Papier

Springer Vieweg ist ein Imprint der eingetragenen Gesellschaft Springer Fachmedien Wiesbaden GmbH und ist ein Teil von Springer Nature
Die Anschrift der Gesellschaft ist: Abraham-Lincoln-Str. 46, 65189 Wiesbaden, Germany

Was Sie in diesem *essential* finden können

- Der Praktiker erhält einen schnellen und ausreichend tiefen Einblick ins schadenfreie Bauen mit Holz.
- Dem Praktiker werden die wichtigsten Schadensmechanismen durch Insekten und holzzerstörende Pilze sowie ihre Sanierung vermittelt.
- Der Praktiker erhält einen kompakten Überblick über die rechtlichen Rahmenbedingungen für die Holzverbauung und seinen Schutz. Die Normen und Fachbücher sollen durch diese Schrift nicht ersetzt, sondern komprimiert zusammengefasst und verständlich dargeboten werden.

Vorwort

Holz ist ein vielseitiger und seit langem gebräuchlicher Baustoff. Der Umgang damit ist seit Alters vertraut, trotzdem ist es bisher nicht gelungen, die auf den von Witterung geschützten Bereich beschränkten Einsatzgebiete zu verlassen und dauerhaften Holzbau auch im bewitterten Bereich zu realisieren. Alle Versuche Holz dauerhaft zu machen konnten die Zerstörung durch Pilze und Insekten verlangsamen, aber niemals verhindern.

Es sind vor allem die ökologischen Auswirkungen der unzerstörbaren Kunststoffe, die uns zeigen, dass die Dauerhaftigkeit eines Stoffes mehr Fluch als Segen darstellt.

Unter diesem Gesichtspunkt ist die natürliche Kreislaufwirtschaft, in der sich der Baustoff Holz befindet, positiv zu bewerten.

Natürlich verbleibt dem Planer und Praktiker die Aufgabe den Werkstoff Holz so zu verarbeiten, dass trotz des Stoffkreislaufs dem Kunden das vereinbarte Werk übergeben und die vereinbarte Dauerhaftigkeit gewährleistet werden kann.

Das gelingt einerseits durch Kenntnis und Anwendung der Möglichkeiten des Werkstoffs Holz und andererseits durch sinnvolle Beratung des Kunden, um keine unerfüllbaren Wünsche zu erzeugen.

Die hier vorliegende Schrift soll in kurzer Form alles Wichtige vermitteln, um diese Ziele erreichen zu können. Sie kann nicht die umfangreichere und tiefer greifende Fachliteratur ersetzen.

München   Bernhard Kopff

Inhaltsverzeichnis

Holz

1

Holz ist lignifiziertes pflanzliches Gewebe. Es entsteht aus dem Kambium der Pflanze, die stetig radial zuwächst. Die Rohdichte von reinem Holz ohne pflanzentypische Zellhohlräume liegt bei ca. 1,5 g/cm³. Durch holzartspezifische Ausbildung von Poren weist jede Holzart eine spezifische Rohdichte (Balsa 0,3 bis Pockholz 1,4 g/cm³) auf, die Einfluss auf die technischen Eigenschaften hat.

Holz ist einer der ältesten und wichtigsten Roh- und Werkstoffe der Menschheit. Nach wie vor übersteigt die jährliche Holzproduktion die Mengen an Stahl, Aluminium und Beton. Die Gesamtmenge der weltweit in den Wäldern akkumulierten Holzmasse wurde von der FAO für das Jahr 2005 auf etwa 422 Gigatonnen geschätzt. Jährlich werden derzeit 3,2 Mrd. m³ Rohholz eingeschlagen, davon fast die Hälfte in den Ländern der Tropen. Das Rundholzaufkommen (2011) belief sich lauf FAO auf 1,578 Mrd. m³. Die höchste jährliche Einschlagsintensität findet sich allerdings mit 2,3 m³/ha in Westeuropa. Fast die Hälfte des globalen Holzaufkommens wird als Brennholz verwendet, was vor allem auf die Länder der tropischen Zone zurückgeht. Hier ist die Energiegewinnung noch immer die wichtigste Holznutzungsart – der Brennholzanteil in Westeuropa beträgt demgegenüber nur knapp ein Fünftel des Einschlags [1].

1.1   Anatomie

Unter dem Gesichtspunkt der Nutzung wird zwischen Laub- und Nadelholz unterschieden. Nadelholz ist die ältere Lebensform und besteht deshalb nur aus Tracheiden zur Festigkeit und Wasserleitung sowie aus Parenchymzellen zur Speicherung und Harzsynthese.

Laubholz weist Fasern zur Wasserleitung und zur Bildung der Festigkeit sowie Parenchymzellen auf. Holz entsteht durch Zellwachstum im Kambium. Je nach Holzart und Klima entstehen Jahrringe mit Frühholz- und Spätholzzonen sowie die holzarttypische Porigkeit.

© Springer Fachmedien Wiesbaden GmbH, ein Teil von Springer Nature 2018   1
B. Kopff, *Holzschutz in der Praxis,* essentials,
https://doi.org/10.1007/978-3-658-21488-3_1

Das Zellwachstum erfolgt als sehr spitz zulaufendes, parabelförmiges Zellbündel entlang der Stammhöhe, sodass die Zellen Längsröhren darstellen, die mit Hoftüpfel verbunden sind. Solange die Zellen sich im Bereich des Splintholzes befinden, leiten sie Wasser und in den Speicherzellen werden Nährstoffe eingelagert. Mit fortschreitendem Alter und den immer weiter außen angelagerten neuen Zellen gelangen die Zellen ins Bauminnere und werden zu Kernholz. Die Wasserleitung wird abgestellt und je nach Holzart werden Inhaltsstoffe, die dem Schutz gegen Insekten und Pilzen dienen sollen, eingelagert. Manche Baumarten bilden nur fakultatives Kernholz aus. Dieses ist wie das obligatorische Kernholz dunkler als das Splintholz. Wenn der Baum fakultatives Kernholz ausbildet, lagert er keine schützenden Inhaltsstoffe ein, sodass dieses Kernholz nur gestalterische, aber keine konstruktiven Eigenschaften aufweist.

Die Holzzelle besteht aus Cellulose, Lignin und Hemicellulose. Die Cellulose wird aus langkettigen, unverzweigten Glucoseeinheiten gebildet, in deren Zwischenräumen Wasser eingelagert werden kann. Das Lignin ist die verholzende Komponente, die durch Polymerisation vernetzte Makromoleküle bildet. Die Hemicellulose besteht aus kurzen, verzweigten Glucoseeinheiten und ist ein Bindeglied zwischen der langfasrigen Cellulose und dem starren Makromolekül des Lignins. Es wirkt wie eine federnde Verbindung, die dem Holz seine Elastizität gibt.

1.2   Wasseraufnahme

Holz ist ein hygroskopischer Werkstoff, der flüssiges und dampfförmiges Wasser aufnimmt. Dieser Vorgang erfolgt in drei Phasen:

- Chemisorption von 0 % Holzfeuchte: Es werden Wassermoleküle in die Cellulosefibrillen eingelagert. Ein Quellen findet nur in sehr geringem Umfang statt.
- Adsorption: Dabei werden Wassermolekülgruppen durch elektrostatische Kräfte in die Zellwände angelagert. Die Wassermoleküle erlangen die Eigenschaften von Wasser und führen zum Quellen des Holzes.
- Kapillarkondensation: Erfolgt mit der Sättigung der Zellwände. Dabei kondensiert Wasser in den Zellhohlräumen und füllt diese bei Erreichen der Fasersättigung vollständig aus.

Die Holzfeuchtigkeit hat sehr großen Einfluss auf die technischen Eigenschaften von Holz. Mit Anstieg der Feuchtigkeit nimmt die Druck- und Zugfestigkeit stetig ab. Es werden drei Grenzzustände unterschieden:

- Darrtrocken: technisch nur im Labor herstellbar.
- Fasersättigung: Die Holzfaser ist mit Wasser gesättigt, nicht aber der Zellhohlraum. Bis zu diesem Stadium findet ein Quellen und Schwinden statt.
- Wassersättigung: Die Zellhohlräume sind vollständig mit Wasser gesättigt.

1.3   Natürliche Dauerhaftigkeit

Die natürliche Dauerhaftigkeit wird durch die vom Baum eingelagerten Inhaltsstoffe bestimmt und bezieht sich auf den Widerstand gegen den Angriff durch Pilze und Insekten. Im Splintholz werden anstelle von schützenden Terpenen oder Gerbstoffen Nährstoffe eingelagert, die von Schädlingen als Nahrung genutzt werden. Deshalb weist dieser Bereich des Stamms, unabhängig von der Holzart, immer eine sehr geringe Dauerhaftigkeit auf. Die Dichte von Holz hat keinen Einfluss auf die Dauerhaftigkeit. Die DIN EN 350-2 weist fünf Dauerhaftigkeitsklassen gegen Pilze, von 1 sehr dauerhaft bis 5 nicht dauerhaft, und zwei Dauerhaftigkeitsklassen gegen Insekten aus. Wird ein Holz von Insekten befallen, ist es nicht dauerhaft und wird es nicht befallen so ist es dauerhaft.

Das gegen Pilze dauerhafteste heimische Holz ist die Robinie, gefolgt von der heimischen Weißeiche (Stiel-Trauben-Eiche). Bei der Bewertung der Dauerhaftigkeit spielt die Herkunft des Baumes eine gewisse Rolle. Die Dauerhaftigkeitsklassen stellen Anhaltspunkte, aber keine feste Größe für die Dauerhaftigkeit von Holz dar.

1.4   Bauholz

Traditionell wurden Balken aus monolithischen Stämmen hergestellt. Bei großen Querschnitten wurde das Holz nass verbaut und trocknete im eingebauten Zustand bis zur Ausgleichsfeuchtigkeit. Als Folge entstehen Risse und es kommt zu Befall mit Pilzen, die erst nach Trocknung absterben. Auch können Insekten eingeschleppt oder angelockt werden, sodass ein Befall durch Insekten provoziert wurde.

Besonders um eine wirtschaftliche Trocknung zu ermöglichen, aber auch um Fehlstellen wie Äste beseitigen zu können, wurde das keilgezinkte **Konstruktionsvollholz (KVH)** entwickelt. Das Holz wird aufgetrennt, getrocknet und sortiert. Anschließend wird es kalibriert und Äste und andere Fehlstellen herausgetrennt. Durch Keilzinken werden die Lamellen endlos in der Länge verleimt. Diese Lamellen können je nach Querschnitt zu Duo- oder Triobalken oder zu **Brettschichtholz (BSH)** verleimt werden. Bei Brettschichtholz kann durch Einsatz von Holz verschiedener Güte im

Außenbereich der Balken die Festigkeit und das Erscheinungsbild wirtschaftlich erhöht werden. Es kann zu Platten aus drei, fünf oder mehr Lagen zu **Massivholzplatten (SWP)** verleimt werden, die in Wänden und Decken Verwendung finden. Aus verleimten Furnierlagen werden Sperrholzplatten **(Furnierschichtholz LVL)** hergestellt. Aus Holzspänen werden Spanplatten als **Oriented Strand Board (OSB)** oder **Flachpressplatten (FPY)** hergestellt. Die OSB-Platte besteht aus gerichteten, untereinander verleimten Holzspänen. Sie weist erhöhte Festigkeit gegenüber der FPY auf. Auch die Spanplatte besteht aus verschiedenen Spänelagen, aber durch die kurzen Späne verringert sich die Festigkeit gegenüber der OSB-Platte. Besonders unter Einwirkung von Feuchtigkeit aber auch durch andauernde Belastung neigen diese Platten zum Kriechen und verformen sich.

Beim Einsatz von Holzwerkstoffen muss auf die Eignung für den geplanten Einsatzzweck geachtet werden. Dabei ist auf die Eignung des verwendeten Klebers und der Holzart zu achten.

Verleimte Holzquerschnitte aus Buchenholz, sogenannte **Baubuche,** weist beachtliche Festigkeiten auf und bietet sich deshalb für große Tragwerke an. Wenn dieses Material verarbeitet werden soll, muss der Planer besonders den Feuchteschutz beachten. Denn gegenüber den üblichen Nadelhölzern weist die Buche eine deutlich schlechtere Dauerhaftigkeit auf. Buchenholz weist keinen oder nur geringen Tüpfelverschluss auf, sodass es Feuchtigkeit ungehindert aufnehmen kann. Ein natürlicher Schutz gegen eindringendes Wasser fehlt. Wer dieses Produkt einsetzt muss sich der sehr geringen Dauerhaftigkeit des Rohstoffs bewusst sein und diesen Umstand im gesamten Bauablauf berücksichtigen.

Schadensmechanismen

2

Holz ist ein sehr beständiger Baustoff. Es gibt nur wenige in der Natur vorkommende chemische Prozesse, die Holz zerstören können. Der bekannteste ist die Verbrennung.

Nachfolgend sollen die Schadensorganismen im Überblick behandelt werden, sodass ein Verständnis für Zusammenhänge entsteht. Die detaillierte Beschreibung der einzelnen Organismen kann der vorhandenen Fachliteratur entnommen werden.

2.1 Insekten

Holzzerstörende Insekten gliedern sich in Trockenholzinsekten, Nassholzinsekten und Holz bewohnende Insekten.

Für den Holzschutz sind nur die Trockenholz- und holzbewohnenden Insekten von Bedeutung, denn Nassholzinsekten agieren immer in Zusammenarbeit mit einer Pilzschädigung, welche die dominierende Schädigung darstellt. Sie sind jedoch wichtiger Hinweisgeber auf einen verdeckten Schaden.

Die Gefährlichkeit von Trockenholzinsekten besteht darin, dass sie Hölzer anfliegen, durch kleine Öffnungen auch verdeckt verbautes Holz erreichen können und dieses über viele Generationen hinweg unerkannt im Holz lebend zerstören. Die Insekten kehren nach dem Schlüpfen zum Holz zurück und legen dort erneut Eier ab, bis sich die Lebensbedingungen für sie ungünstig entwickeln oder das Holz vollständig zerstört ist. Diese Insekten wurden durch den erheblichen chemischen Holzschutz besonders in der Nachkriegszeit deutlich zurückgedrängt, sodass ihre Existenz und ihre Gefährlichkeit, wenn sie nicht rechtzeitig bekämpft werden, aus dem Fokus geraten sind. Infolge des zunehmenden Verzichts auf Holzschutzmittel und der verstärkten Nutzung von Holz als Baustoff besteht die Gefahr eines plötzlichen Vermehrens in großer Zahl und dass sie und damit zum Problem werden.

© Springer Fachmedien Wiesbaden GmbH, ein Teil von Springer Nature 2018
B. Kopff, *Holzschutz in der Praxis,* essentials,
https://doi.org/10.1007/978-3-658-21488-3_2

Hinweis:
Nach DIN 68.800 gilt „Kammer getrocknetes Holz" als immun gegen Insektenbefall.

Untersuchungen [2] haben gezeigt, dass Holz bei einer Trocknungstemperatur von 110 °C für die Larve des Hausbockkäfers besser verwertbar wird. Erst ab einer Trocknungstemperatur von ca. 160 °C wird das Holz soweit verändert, dass eine Entwicklung der Larve nicht mehr möglich ist. Die hohen Trocknungstemperaturen verändern die Holzsubstanz zum Nachteil und sollte deshalb bei einer Trocknung nicht angewendet werden. Somit ist technisch getrocknetes Holz für den Hausbock nutzbar und kann durch ihn befallen und zerstört werden.

Tatsächlich wurde trotz intensiver Untersuchung bisher kein Hausbockschaden an technisch getrocknetem Holz festgestellt. Das ist vermutlich darauf zurückzuführen, dass durch chemischen Holzschutz der Befallsdruck vermindert ist, das Holz ohne Baumkanten verbaut wird und auch weniger Brennholz eingetragen wird, mit dem sowie in den Baumkanten Insekten eingetragen werden. Zudem weist technisch getrocknetes und durch Verleimen veredeltes Holz weniger Risse auf, in die eine Eiablage möglich ist. Die technische Trocknung mit mindestens 55 °C über 48 h tötet alle im Holz befindlichen Larven. Erhöhte Vorsicht und regelmäßige Prüfung sind aber trotzdem angebracht.

2.1.1 Hausbock

Der Hausbock ist ein ca. 8 mm bis 25 mm langer Käfer, dessen Larven drei bis zehn Jahre in trockenem Fichtenholz und in trockenen Splintholz von Nadelfarbkernholz (Kiefer, Lärche usw.) Fraßgänge anlegen und damit die Tragfähigkeit des Holzes zerstören. Er ist auf die Besiedelung von trockenem und warmem Holz spezialisiert, was ihn für Bauholz besonders gefährlich macht. Die Larve frisst bei Farbkernhölzern nur den Splint, bei Fichte und Tanne den gesamten Holzquerschnitt. Der Käfer verursacht ovale ausgefranste Ausflugslöcher. Wenn das Holz einsehbar verbaut wurde und regelmäßig kontrolliert wird, kann ein Befall entdeckt und bekämpft werden, bevor eine ernsthafte Schädigung eintritt.

2.1.2 Nagekäfer

Unter Nagekäfer wird hier eine Gruppe von holzzerstörenden Insekten zusammengefasst, deren Unterscheidung in gescheckter, weicher oder gewöhnlicher Nagekäfer für die Schadensvermeidung unerheblich ist. Als Gruppe gesehen besiedeln sie alle Holzarten im Kern- und Splintholz und verursachen kleine Fraßgänge mit einem Durchmesser von ca. 2–3 mm, die das Holz vollständig zerstören. Sie benötigen Holz mit etwas erhöhter Feuchtigkeit und sind weniger wärmeliebend als der Hausbockkäfer, sodass im Neubau nicht mit dieser Insektengruppe zu rechnen ist. Wohingegen in kellerartigen Räumen ein Befall möglich ist.

2.1.3 Splintholzkäfer

Mit Splintholzkäfer wird eine Gruppe von ursprünglich nicht in Mitteleuropa beheimateten, ca. 2–15 mm langen Insekten beschrieben, die sich aus Importware kommend in Holzlagern einnisten und mit den Holzprodukten verbreitet werden. Sie können wie die Nagekäfer das Holz vollständig zerstören. Im Gegensatz zum Nagekäfer haben sie eine sehr viel kürzere Generationenfolge und vermehren sich somit schneller. Sie können sich auch in sehr trockenem Holz entwickeln und sind damit für Möbel und Innenausbauteile eine große Gefahrenquelle. Ein vorbeugender Schutz kann durch thermisch abtötende Behandlung des Bauholzes erfolgen. Nach neuester Forschung gibt es auch Arten, die Buchenholz befallen können.

2.1.4 Holzwespen

Diese Insekten sehen der Wespe ähnlich und verfügen oft zusätzlich über einen imposanten Stachel, mit dem sie ihre Eier ins Holz ablegen. Einige Arten nutzen den Stachel auch dazu, ihre Eier in die Larven von holzzerstörenden Insekten im Holz zu legen, um diese als Wirt zu nutzen. Arten, deren Larven sich im Holz entwickeln, stellen für die Holznutzung keine Gefahr dar, weil das geschlüpfte Insekt nicht zum Holz zurückkehrt, um erneut Eier abzulegen. Die Schädigung wird immer nur von einer Generation verursacht und die Fraßtätigkeit ist so gering, dass eine Schwächung der Tragfähigkeit nicht eintritt.

Die Gefahr die von diesen Insekten ausgeht besteht darin, dass deren Larven die Fraßgänge so sorgfältig verstopfen, dass sie leicht übersehen werden. Wenn diese Insekten in verbautem Holz überdauern und ausschlüpfen, können die Insekten Folien, Laminat, Bitumenbahnen und sogar Bleiplatten durchnagen. Werden Hölzer mit diesen Insekten als Schalung unter Dachbahnen eingebaut, verursachen die schlüpfenden Insekten erhebliche Schäden in der Dachabdichtung. Es empfiehlt sich als Schalholz nur sorgfältig technisch getrocknetes Holz oder Holzwerkstoffe zu verwenden.

2.1.5 Ameisen

Ameisen zählen zu den holzbewohnenden Insekten. Sie graben mithilfe von Pilzen Kavernen in Hölzer und zerstören diese. Dabei machen sie auch vor Dämmstoffen und anderen Baumaterialien nicht Halt. Als staatenbildende Insekten verfügen sie über ausgefeilte Überlebensstrategien und können deshalb nur schwer bekämpft werden.

2.1.6 Wasserbau

Wer Holz im Salzwasser verbaut wird an Holzbohrmuscheln und Bohrasseln denken müssen. Die Bohrmuschel setzt sich als Schwärmlarve auf dem Holzsubstrat fest und bohrt sich mit zunehmendem Lebensalter in das Holz ein. Es entstehen ca. 1 cm dicke Röhren, die die Holzfestigkeit herabsetzen. Die Bohrassel ist ca. 4–5 mm lang und lebt in den Bohrgängen, die das Holz schwammartig zerstören. Die Bohrassel kann freischwimmend neue Lebensräume erschließen.

2.2 Holzzerstörende Pilze

Die in Gebäuden wirksamen Pilze werden als Hausfäulepilze und Moderfäulepilze bezeichnet. Hausfäulepilze entwickeln sich ab einer Holzfeuchte von ca. 25 % aus nur wenige μm kleinen Sporen zuerst als Hyphen, die sich zu Mycelsträngen weiterentwickeln. Diese können teilweise auch trockenes Material überwachsen oder auch Mauerwerk durchwachsen. Ein Holzabbau findet aber nur im fasersatten Holz statt. Diese Mycelstränge können sich mit unterschiedlichem Erfolg in Mauerwerk und Holz zurückziehen und in der sogenannten Trockenstarre überdauern. Unter verbesserten Lebensbedingungen können sie wieder auswachsen. Aus den Mycelsträngen entstehen die Fruchtkörper, die erneut Sporen ausbilden. Ein Befall kann auch von verschiedenen Pilzarten gleichzeitig erfolgen. Pilze sind immer an die Anwesenheit von flüssigem Wasser gebunden. In (1) beziffert Dr. Huckfeld den größten festgestellten Abstand zur Wasserquelle auf ca. 1 m für den Echten Hausschwamm. Pilze benötigen neben Kohlenhydraten wie Cellulose und Pektinen auch Proteine, Phosphate und Stickstoff, die sie aus den Baustoffen und angrenzenden Baustoffen beziehen.

Die Pilzhyphen wachsen in den Zelllumen des Holzes und geben Enzyme an die sie umgebende Holzzelle ab, sodass das Holz abgebaut wird. Bei der Braunfäule werden die zellverbindenden Elemente zerstört, was zu schnellerem

Festigkeitsverlust des Holzes führt. Bei der Weißfäule wird die Zellinnenwand systematisch von innen ausgehend zerstört, sodass die Holzfestigkeit länger erhalten bleibt.

2.2.1 Der Echte Hausschwamm

Der Echte Hausschwamm (EHS) ist an die Besiedelung von menschlichen Behausungen angepasst. Er verstoffwechselt alle organischen Materialien wie Holz, Stroh, Leder oder Papier und erzeugt am Holz eine Braunfäule. Er kann durch Myzelgeflechte Bereiche gegen Austrocknung schützen und sich auf diese Art selber ideale Lebensbedingungen erschaffen. Er durchdringt Mauerwerk und Schüttung und kann so Häuser großflächig besiedeln. In jedem Fall ist auch der EHS auf ausreichend hohe Feuchtigkeit in den Baustoffen angewiesen.

2.2.2 Nassfäulepilze, Braunfäule

Zu den Nassfäulepilzen die Braunfäule erzeugen zählen: Der Echte Hausschwamm, Brauner Kellerschwamm, die Blättlingsarten und der Eichenwirrling. Sie bevorzugen jeweils unterschiedliche Lebensräume, gelten aber im Gebäude als gleichermaßen gefährlich. Auch sie benötigen erhebliche Feuchtigkeit im Holz und zerstören dieses vollständig. Die Braunfäule entsteht, weil der Pilz verstärkt die Zellulose abbaut und das Lignin als würfelförmig gebrochene Holzsubstanz ohne den Verbund durch die faserige Zellulose übrig bleibt.

2.2.3 Nassfäulepilze, Weißfäule

Zu dieser Gruppe zählt als häufigster Vertreter der ausgebreitete Hausporling. Seine Bedürfnisse und Auswirkungen auf das Gebäude entsprechen dem der Braunfäuleerreger.

Die Weißfäule entsteht, weil der Pilz hauptsächlich das Lignin abbaut und damit die Zellulose als lose Fasern übrigbleibt.

2.2.4 Moderfäule

Moderfäule wird von einfacheren Pilzen *(Fungi imperfecti)* oft zusammen mit Bakterien verursacht. Sie benötigen einen deutlich höheren Wassergehalt als die Hausfäulepilze und keinen Luftsauerstoff. Sie zerstören das Holz kavernenartig und führen zu kleinteiligem Würfelbruch. Die Oberfläche erscheint schmierig und glatt. Die Zerstörung kann sehr langsam bis sehr rasch voranschreiten.

2.2.5 Bläuepilze

Unter Bläuepilzen versteht man Pilzarten, die in den Holzzellen siedeln, das Holz aber nicht abbauen. Sie leben von an der Zellwand des Splintholzes anlagernden Nährstoffen. Im Vergleich zu holzzerstörenden Pilzen benötigen Bläuepilze prinzipiell und über kürzere Zeiträume hinweg weniger Feuchtigkeit, um sich entwickeln zu können. Sie verursachen eine blaue bis schwarze Verfärbung, die an unbehandeltem Bauholz nach dem Austrocknen schadlos bleibt. Bläuepilze stellen für zum Wetterschutz beschichtete Hölzer eine Gefahr dar. Neben dem optischen Mangel entstehen durch die auswachsenden Fruchtkörper Schäden in der Beschichtung, durch die Feuchtigkeit eindringt. Die verbleibende Beschichtung verhindert das Abtrocknen, sodass feuchtes Holz geschaffen wird in dem ein holzzerstörender Pilz eine Lebensgrundlage findet.

2.2.6 Schimmelpilze

Schimmelpilze schädigen das Holz nicht. Sie siedeln nur auf der Oberfläche. Zur Entwicklung benötigen Schimmelpilze noch geringere Mengen Wasser als der Bläuepilz. Sie stellen ein hygienisches Problem dar, was aber den Holzschutz nicht tangiert.

2.3 Feuer

Holzverbrennung ist ein chemischer Prozess, bei dem durch Temperatur Gase aus dem Holz getrieben werden und brennen. Mit zunehmender Temperatur verstärkt sich die Vergasung, bis die Verbrennung selbsttätig weiterläuft und durch Abkühlung oder dem Verbrauch allen brennbaren Materials beendet wird.

Die Erwärmung von Holz wird auf 100 °C beschränkt, solange noch Wasser im Holz ist. Ab ungefähr 150 °C beginnt die Zersetzung der Hemizellulose und des Lignins. Bei weiterem Temperaturanstieg entstehen bei ungefähr 220 °C Zersetzungsgase und bei langer Einwirkung dieser Temperatur ist eine Selbstentzündung möglich. Mit zunehmender Temperatur verstärkt sich die Zersetzung. Ab 400 °C verläuft die Zersetzung exotherm. Ab 500 °C entsteht glühendes Lignin, das in die Tiefe des Holzes vordringt. Ab 700 °C verbrennt die schützende Holzkohleschicht und ab 1100 °C wird Holz vollständig zersetzt und es bleiben nur mineralische Rückstände.

Die Zersetzung von Holz erfolgt in der Pyrolysefront. Diese wächst mit dem Fortschreiten des Brandgeschehens gleichmäßig in das Holz hinein. Unter der Pyrolysefront ist das Holz unbeschädigt, sodass der Abbrand eine berechenbare Größe ist, die bei der Planung zuverlässig berücksichtigt werden kann und als „heiße Bemessung" bezeichnet wird.

2.4   Chemische Schädigung

Holz ist sehr widerstandsfähig gegen die meisten üblichen chemischen Angriffe. Deshalb eignet es sich für Bauteile in aggressiver Umgebung wie z. B. Salzlager.

2.4.1   Mazeration

Flammschutzmittel, Düngemittel und Schwefelsäure die z. B. durch private und industrielle Kohleverbrennung in die Luft gelangte haben zu einer von außen ausgehenden Schädigung des Lignins geführt. Das Schadbild ähnelt der Weißfäule.

2.4.2   Eisen-Gerbsäure-Reaktion

Eisen-Gerbsäure-Reaktion muss häufig bei der Planung von Befestigungsmitteln beachtet werden. So können eisenhaltige Verbindungsmittel, aber auch verzinkte Verbindungsmittel, durch die Gerbsäure aus gerbsäurehaltigen Hölzern wie Eichen- oder Lärchenholz angegriffen werden (s. Abb. 2.1).

Abb. 2.1 Auswirkung
einer Eisen-Gerbsäure-
Reaktion auf einer
Lärchenholzfassade unter
einer CortenStahl-Fassade,
die nach der Montage mit
Salzsäure zur Korrosion
gebracht wurde. (Quelle:
eigenes Foto)

Eichenhölzer mit großen Querschnitten sind meist nicht ausreichen
getrocknet. So befinden sich Befestigungsmittel im nassen Eichenholz. Durch die
Gerbsäure im Eichenholz werden die Befestigungsmittel chemisch angegriffen.
Deshalb dürfen in diesem Fall nur dafür geeignete Befestigungsmittel eingesetzt
werden. Die Gerbsäure führt in Verbindung mit Eisen und Feuchtigkeit zu dunk-
len Flecken, die mit der Schädigung durch den Bläuepilz verwechselt werden
können. Diese Flecken können unter Umständen mit milden Säuren neutralisiert
werden. Es empfiehlt sich bei Bedarf Versuche durchzuführen.

Wasser

3

Wasser ist die Grundlage alles Lebens. Es tritt an vielen Stellen auf und ist immer die primäre Ursache für Holzschäden durch sich dort ansiedelnde Insekten und Pilze. Um Schäden in der Planung zu vermeiden und eine wirksame Sanierung planen und umsetzen zu können, muss die schadensursächliche Wasserquelle gefunden und dauerhaft beseitigt werden.

3.1 Havarie

Wasser aus Havarie stammt aus wasserführenden Leitungen oder einmaligen Unglücksfällen. Wenn dabei eine größere Menge Wasser austritt, kann der Schaden schnell erkannt und beseitigt werden. Wichtig ist alle durchnässten Orte aufzufinden und wirksam zu trocknen.

Erheblich aufwendiger zu finden und zu entdecken sind Tropfwassermengen, die aus Lochfraß in Rohren oder anderen kleinen Undichtigkeiten austreten. Sie können über Jahre hinweg erhebliche Bereiche an Mauerwerk und Holz befeuchten und damit für Pilze ideale Lebensbedingungen schaffen. Der Pilz folgt dem nicht erkannten Wasserrinnsal über weite Strecken und schädigt das Holz. Neben undichten Wasser- und Heizungsleitungen stellen undichte Abwasserleitungen wegen der nur sporadisch beaufschlagten Leckstelle eine besonders schwer zu ermittelnde Schadensstelle dar.

3.2 Niederschlag

Niederschlag tritt in Form von Regen, Schnee oder im Boden vorliegendes Grundwasser auf und gelangt ans Gebäude. Er wird unter Dacheindeckungen geweht, liegt in Dachräumen vor und führt zu Pilz- und Insektenbefall. An Außenwänden

© Springer Fachmedien Wiesbaden GmbH, ein Teil von Springer Nature 2018
B. Kopff, *Holzschutz in der Praxis,* essentials,
https://doi.org/10.1007/978-3-658-21488-3_3

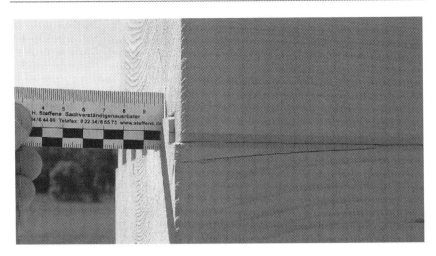

Abb. 3.1 Überzahn eines Blockhausbalkens. Ablaufendes Niederschlagswasser wird auf dem unteren Balken in den Nuten nach innen zwischen die Balken geleitet. (Quelle: eigenes Foto)

Abb. 3.2 Brauner Kellerschwamm in einem Gebäude aus Sichtmauerwerk. (Quelle: eigenes Foto)

Abb. 3.3 Ansicht von
außen. (Quelle: eigenes
Foto)

führt Niederschlag zu Durchfeuchtungen im Bereich von Gesimsen auf denen er steht und einsickert. Alle Wände im Bereich von waagerechten Flächen müssen wie Sockeldetails ausgeführt werden, wenn von der waagerechten Fläche Spritzwasser zu erwarten ist.

Kritisch sind auch Sichtmauerwerk- und Blockhauskonstruktionen. Bereits die kleinen Überzähne führen zu einer waagerechten Fläche, die Wasser in die Konstruktion leitet (s. Abb. 3.1).

Regen kann auch durch die Fugen von steinsichtigen oder nicht verputzten Fassaden getrieben werden. Er verursacht im Wandquerschnitt erhöhte Feuchtigkeit, die zu einem Pilzbefall der Balkenköpfe und anderem im Wandquerschnitt befindlichen Holz führen kann (s. Abb. 3.2 und 3.3).

3.3 Bauwasser

Bei der Verarbeitung von Mörtel oder Beton wird stets eine erhebliche Menge Wasser ins Gebäude eingebracht und muss während der Nutzung wieder austrocknen. Besonders in Außenwänden werden mit den oft nassen Steinen,

Abb. 3.4 Pilzschaden durch Baufeuchtigkeit. (Quelle: eigenes Foto)

Abb. 3.5 Lackabplatzung
an Fensterrahmen durch
Baufeuchtigkeit. (Quelle:
eigenes Foto)

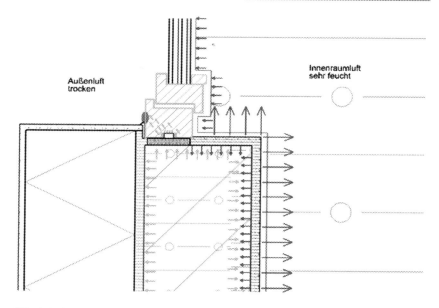

Abb. 3.6 Schematische Darstellung der Feuchteverteilung und des Austrocknungsverhaltens. (Quelle: eigene Darstellung)

dem Anmachwasser und evtl. zusätzlichen Niederschlägen während den Arbeiten erhebliche Mengen Wasser eingebracht. Durch Putze, Anstriche oder Wärme-dämmverbundsysteme wird dieses Wasser eingesperrt, das dann in Hohlräumen aufsteigt und sich z. B. im Holz der Dachkonstruktion niederschlägt und zu Schäden führt (s. Abb. 3.4).

Aber auch in der Fassade eingebaute Holzfenster nehmen dieses Wasser auf und werden durch diesen Wasserzutritt geschädigt (s. Abb. 3.5 und 3.6).

Wasser, das mit Betondecken ins Gebäude eingebracht wird, kann durch nach-stoßendes Wasser einen zum Einbau des Parketts belegreifen Estrich wieder so stark auffeuchten, dass durch das zusätzliche Wasser das Holz quillt und sich Fugen bilden. Liegen Hohlräume als Kanäle, z. B. in Mauersteinen oder Hohlräu-men zwischen Dämmplatten und Mauerwerk als Verbindung vor, kann von diesen Bauteilen so viel Wasser ausgehen, dass z. B. unter Dächern ein holzzerstörender Pilz entstehen kann.

3.4   Wasserdampf

Luft kann in Abhängigkeit zu Luftdruck und Temperatur unterschiedlich viel
Wasser aufnehmen. Je höher die Temperatur, umso mehr Wasser kann gebunden werden. Streicht die warme Luft über kalte Oberflächen, kondensiert das
enthaltene Wasser an den kalten Oberflächen. Luft durchströmt Hohlräume
wie Mauerfugen, Elektroleerrohre und Fugen. Die Luftgeschwindigkeit und
die damit verbundene Luftmenge, die an einer bestimmten Stelle vorbeiströmt,
wird von der Höhe des Gebäudes, von der Anströmung durch Wind außen und
dem Temperaturunterschied zwischen innen und außen kurz vom Auftrieb im
Gebäude bestimmt. Die dabei anfallende Wassermenge kann erheblich sein und
ausreichen, um einem holzzerstörenden Pilz eine zuverlässige Lebensgrundlage
zu bieten (s. Abb. 3.7).

Abb. 3.7 Wandgefüge mit EHS in den Fugen (Pfeil). Als Wasserquelle konnte Kondenswasser
aus den darunter befindlichen Wohnungen nachgewiesen werden. (Quelle: eigenes Foto)

Holzschutz in der Planung 4

Die Gestalt eines Gebäudes hat größten Einfluss auf die Dauerhaftigkeit einer Holzkonstruktion. Die traditionelle Bauweise mit großen Dachüberständen und Opferbrettern vor Balkenköpfen auf einem ausreichend hohen Sockel hat sich über die Jahrtausende der Baugeschichte weltweit als sinnvoll herausgestellt.

Aber es reicht nicht aus, traditionelle Bauformen für Gebäude unserer Zeit und die heutigen Nutzungen zu kopieren. Bis zur Einführung der Zentralheizung vor ca. 100 Jahren herrschte in den Innenräumen nur ein gemäßigtes Außenklima. Die Räume waren kühler und in den Wohnräumen befanden sich Ofenheizungen oder offene Feuerstellen, die durch den jeweiligen Rauchabzug eine erhebliche Zwangsbelüftung aufwiesen. Bei Wänden und Decken kamen erhebliche Undichtigkeiten in der Luftdichtung hinzu, sodass die Luftfeuchtigkeit auf großer Fläche ausgefallen ist. Man kann in Dächern aus älteren Häusern Rindenschichtpilze finden, die beweisen, dass aus den Wohnungen darunter regelmäßig erhebliche Feuchtigkeit ins Dach diffundiert und als Kondenswasser auf den Holzteilen ausgefallen ist.

Ställe und andere Räume mit höherer Luftfeuchtigkeit wurden deshalb stets mit gemauerten Gewölben überdeckt, weil hier der Kondensatausfall anders nicht mehr beherrschbar war.

Bauwerke, die heutige Anforderungen an den Wärmeschutz erfüllen müssen, erfahren aus der Temperaturdifferenz zwischen innen und außen erheblich höhere Belastungen, die bei der Planung und Bauausführung durch Dämmung und Luftdichtung beherrscht werden müssen.

© Springer Fachmedien Wiesbaden GmbH, ein Teil von Springer Nature 2018
B. Kopff, *Holzschutz in der Praxis,* essentials,
https://doi.org/10.1007/978-3-658-21488-3_4

4.1   Dampfbremse

Ein Bauwerk, das mit dem Anspruch gebaut wird, das Innenklima vom Außenklima zu trennen, muss eine sorgfältig geplante Hülle (Dampfbremse) aufweisen. Diese muss umlaufend dicht und an angrenzende Bauteile wie Bodenplatte oder Gebäudeteile angeschlossen sein.

Grundsätzlich soll Holz so diffusionsoffen wie möglich verbaut werden. Holz als Gebäudehülle wird meist in Verbindung mit Dämmstoff verbaut. Eine Winddichtung außen soll eine Durchströmung mit kalter Luft und das Eindringen von Niederschlagswasser verhindern. Die Dampfbremse innen soll eine unzulässige Zunahme von Feuchtigkeit im Bauteil aus Kondensat verhindern, ohne die natürliche Trocknung des Bauteiles zu behindern (s. Abb. 4.1).

Die Haustechnik soll so geplant sein, dass sie die Hülle nicht durchdringen muss. Wenn durchdringende Rohrbündel nicht vermieden werden können, sollte das Detail in Anlehnung an die Vorgaben zur rauchdichten Ausführung aus dem Brandschutz ausgeführt werden. Hier wird ein Kasten um das Rohrbündel hergestellt, an dem die Luftdichtung angeschlossen werden kann. Der Raum zwischen

Abb. 4.1 Schematische Darstellung einer Holzrahmenbauwand. 1 Wetterschutz als Holzverschalung, 2 Lattung, 3 Konterlattung, 4 Winddichtung als Folienbahn oder in 5 als Überdämmung der Holzkonstruktion, 6 Gefachdämmung des Tragwerks, 7 Dampfbremse 8 Installationsebene, Innere Wandbekleidung. (Quelle: eigene Darstellung)

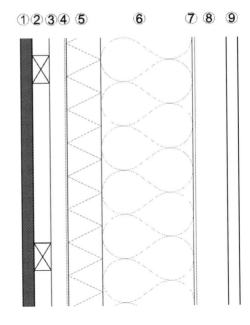

den Rohren kann dann ausgestopft werden und die Rohre so gut wie es möglich ist in die Luftdichtung eingebunden werden. Eindringende feuchte Luft kann jetzt nicht in die Luftdichtungsebene der Konstruktion strömen.

Wenn Holz in Verbindung mit anderen Baustoffen wie Mauerwerk und Dämmstoffen verbaut werden soll, muss eine Gefährdung aus Bauwasser beachtet und verhindert werden (vgl. Abb. 3.4). Holz wird im gebrauchstrockenen Zustand eingebaut und ist damit trockener als neu errichtetes und verputztes Mauerwerk. Es wird Wasser bis zur Ausgleichsfeuchte aufnehmen. Im Rahmen der Baustoffauswahl muss darauf geachtet werden, dass das Holz danach wieder austrocknen bzw. die Feuchtigkeit direkt austrocknen kann.

Beispiel

Ein Gebäude war in Kalksandsteinmauerwerk errichtet worden. Außen wurde ein Wärmedämmverbundsystem aus Polystyrolplatten aufgebracht. Das Flachdach bestand aus einer Sperrholzplatte auf einem Holzrahmen, der mit Polystyrol verfüllt war. Einige Jahre nach Fertigstellung zeigte sich Fäulnis an der Unterseite der auskragenden Sperrholzplatte des Flachdachs. Untersuchungen haben gezeigt, dass das schadensursächliche Wasser Bauwasser war, das zwischen dem Wärmedämmverbundsystem und dem Mauerwerk aufgestiegen ist und sich unter der Dachabdichtung gesammelt hatte. Weil alle angrenzenden Baustoffe kein Wasser aufgenommen oder weitergeleitet haben verblieb das Wasser im Holz und führt nach Jahren zur Zerstörung durch Wachstum von Pilzen (s. Abb. 4.2).

Dampfbremsen müssen im warmen Bereich also unterhalb der Dämmung verlegt werden, um Kondenswasserausfall durch Tauwasser im Bereich der Abkühlung zu vermeiden. Diese kann besonders bei Attikaaufkantungen festgestellt werden. Hier wird standardmäßig ein Detail aus dem Mauerwerksbau auf den Holzbau übertragen. Untersuchungen durch den Autor haben gezeigt, dass im Übergang vom gedämmten zum nicht gedämmten Bereich eine Erhöhung der Holzfeuchtigkeit nachweisbar ist (s. Abb. 4.3).

Im Artikel „Oben bleiben" [3] weist der Autor nach, dass es bei Sanierungen nicht zwingend erforderlich ist, dass die Dampfbremse vollständig innerhalb der Dämmung liegt, solange sie noch eine ausreichende Überdämmung aufweist. Das ist für die Ertüchtigung der Wärmedämmung von Dächern hilfreich, wenn der Innenraum nicht beschädigt werden soll. Alternativ kann eine geeignete Dampfbremsfolie, die die Sparren umfasst und damit vom warmen Bereich in den kalten geführt wird, als sogenannte Sub-Top-Lösung eingebaut werden. Kritisch sind bei nachträglichem Einbau von Dampfbremsen immer die Durchdringungen durch Balken.

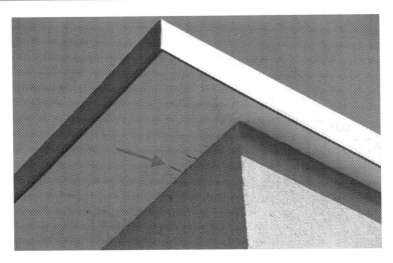

Abb. 4.2 Dachuntersicht. Der Pfeil zeigt auf Lackablösungen durch Baufeuchtigkeit aus dem Bauwerk. (Quelle: eigenes Foto)

Abb. 4.3 Attikadetail mit Eintrag der gemessenen Holzfeuchtigkeit. Im gedämmten Bereich 16 % im Übergang von der Dämmung zum ungedämmten Bereich 19 % wegen Kondensatausfall. Oberhalb der Dämmung konnte eine Trocknung erfolgen, trotzdem liegt erhöhte Feuchtigkeit mit 17 % vor. (Quelle: eigenes Foto)

Die Planung der geometrischen Lage der Luftdichtung im Gebäude ist für die Schadenfreiheit ein sehr wichtiger Schritt. Er verlangt vom Planer eine dreidimensionale Vorstellung des gesamten Gebäudes.

Luftdichtung
Eine Luftdichtung als Dampfbremse muss lückenlos und umlaufend geplant und ausgeführt werden. Die Dampfbremse muss konsequent im warmen Bereich verlegt werden. Sie muss an Fenster, Türen und die Bodenplatte angeschlossen werden. Sie muss die einfachste mögliche geometrische Form aufweisen. Durchdringungen müssen sehr sorgfältig geplant und umgesetzt werden. Der Dampfwiderstand muss so gering wie möglich gewählt werden.

Jeder Baustoff weist Wasserdampfdiffusionswiderstandszahl als materialspezifische Kennzahl auf. Wird diese Zahl mit der Materialdicke multipliziert ergibt sich der sd-Wert. Diese Kennzahl eines Baustoffs ist ein dimensionsloser Materialkennwert, der angibt, um welchen Faktor das betreffende Material gegenüber Wasserdampf dichter ist als eine gleich dicke, ruhende Luftschicht.

Im Holzbau sollte ein möglichst geringer sd-Wert gewählt werden. Holz enthält immer Wasser, das durch Temperatur ausgetrieben und unter Folien auskondensieren kann. Auch nimmt Holz als hygroskopischer Baustoff Feuchtigkeit auf. Dieser Vorgang ist nur sehr schwer zu unterbinden. Deshalb ist es wenig sinnvoll zu versuchen die Feuchteaufnahme von Holz durch Folien zu unterbinden. Wirksamer ist es Holz so zu verbauen, dass es stets und schadenfrei Feuchtigkeit aufnehmen und abgeben kann. Dafür sind die Dampfbremswerte der Baustoffe möglichst gering zu wählen und eine Abtrocknung der Bauteile zu gewährleisten (Tab. 4.1).

Die Auslegung kann nur von einem Bauphysiker erfolgen. Zur Berechnung kann im begrenzten Umfang das sogenannte Glaserverfahren angewandt werden. Aussagekräftiger sind Berechnungen mit instationären Programmen wie WUFI (Produkt des Fraunhofer Instituts) oder DELPHIN (Produkt von Bauklimatik Dresden), die die Feuchteentwicklung in Abhängigkeit von materialspezifischen Eigenheiten und unter Berücksichtigung der Umgebung über einen frei zu wählenden Zeitraum darstellen.

Tab. 4.1 SD-Werte ausgewählter Baumaterialien

	Baustoff	SD Wert Wasserdampf- diffusionsäquivalente Luftschichtdicke	Angenommene Dicke (mm)	µ-Wert Wasserdampf- Diffusions- Widerstandszahl Min/Max
1	Dachbahn Bitumen	100 m	5	50/50.000
2	Beton	25 m	100	250
3	Hochlochziegel	2 m	100	5/10
4	Aluminium	1500 m	1	25.000
5	Geschäumtes Polystyrol	10 m	100	20/100
6	Mineralwolle oder Hanf- Dämmwolle	0,09 m	100	1/2
7	Fichte massiv	2 m	50	20/50
8	Eiche massiv	2,5 n	50	50/200
9	Fichte Dreischichtplatte	9 m	50	174
10	OSB Platte	3 m	20	30/300
11	Holzweichfaserplatte	0,5 m	100	3
12	Kalkputz	0,15 m	10	15
13	Kunstharzputz	1,3 m	10	50/200
14	Variable Dampfbremse (Pro clima Intello)	0,25–25 m	0,25	
15	PE Folie	100 m	1	1/100.000

4.2   Schutz vor Insekten

Schäden durch Insekten stellen bisher bei modernen Bauten nur eine untergeordnete Bedeutung dar. Um Holz wirksam vor Insektenbefall zu schützen, muss es entweder vollständig und möglichst ohne Hohlräume umschlossen werden oder allseitig gut einsehbar verbaut werden. Sollte bei offener Bauweise ein Befall festgestellt werden, kann dieser mit geringem Aufwand bekämpft werden.

Insektenlarven leben im Holz, müssen aber zur Vermehrung als Käfer das Holz verlassen, um sich zu paaren und erneut Eier abzulegen. Dieser Prozess wird durch Abschluss und verfüllte Hohlräume erschwert bzw. verhindert. Selbst wenn mit dem Bauholz eine Generation Insekten eingeschleppt wird, stellen diese keine Gefahr für das Holz dar, wenn es bei nur einer Generation bleibt. Erst ein über Generationen wiederkehrender Befall verursacht nennenswerte Schäden. Schäden durch neu eingeschleppte Insekten mit hoher Generationsfolge, die im warmen zentralbeheizten Klima ideale Bedingungen finden, können in Zukunft besonders in Holzhäusern zu Problemen führen.

4.3   Schutz vor Pilzen

Im Rahmen der Planung kann durch die Gestalt des Gebäudes der Holzschutz maßgeblich verbessert werden. Bewitterte und anderweitig durch Feuchtigkeit belastete Holzkonstruktionen sollten aus schmalen Elementen bestehen. Im Rahmen der Planung soll auch die Trocknungsmöglichkeit beachtet werden.

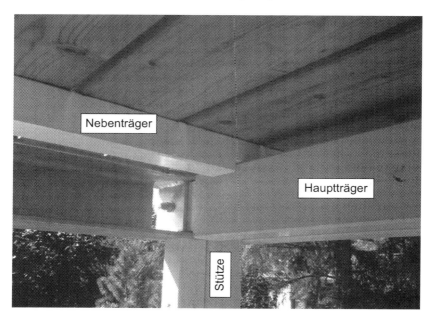

Abb. 4.4 Detail der Balkonstütze. Stütze, Haupt- und Nebenträger weisen Querschnitte von 6 × 12 bzw. 6 × 6 cm auf. (Quelle: eigenes Foto)

Die nach Süden ausgerichtete Konstruktion in Abb. 4.4 besteht trotz Bewitterung ohne erkennbare Schäden seit über 15 Jahren.

Wäre dieselbe Konstruktion nach Nordwesten orientiert, dürfte evtl. die Anschlussplatte des Stahlträgers nicht direkt auf dem Holz aufliegen. Sie müsste durch aufgelöste Verbindungen nochmals verbessert werden. Wenn Holz durch Bleche oder Folien verdeckt werden soll ist stets zu beachten, dass durch diese Materialien die Austrocknung verhindert wird und damit einem Pilz eine Lebensgrundlage gegeben werden könnte.

4.4   Brandschutz

Holz verbrennt von außen nach innen in einer vorherbestimmbaren Zeit, sodass der Abbrand berechnet werden kann. Je kleiner die Oberfläche gegenüber dem Querschnitt, umso länger hält Holz einer Brandbelastung stand. Folglich sind große kompakte Querschnitte vorteilhaft und sollten gewählt werden. Risse sind ein Zeichen für schlechte Holzqualität oder falsche Verarbeitung und sollten vermieden oder verschlossen werden. Eine Feuchtebelastung tritt meist im Außenbereich auf, wo der Brandschutz meist untergeordnet ist. In Innenräumen hingegen ist meist nicht mit Feuchtebelastung zu rechnen. So fügt sich die Forderung des Feuchte- und Brandschutzes gut in eine allgemeine Formel.

> **Forderung des Feuchte- und Brandschutzes**
> Durch Feuchtigkeit belastete Bauteile sollen als rechteckige schmale Bauteile möglichst luftumspült hergestellt werden.
> Ein Feuerwiderstand wird durch kompakte und quadratische Querschnitte erreicht.
> Holzoberflächen sollen für beide Anwendungen glatt und rissfrei sein.

Derzeit geht der Brandschutz in Deutschland den Weg der Kapselung, das bedeutet, dass Holzbauteile mit nicht brennbaren Baustoffen so umschlossen werden müssen, dass bis zum Bemessungszeitpunkt keine Schädigung am Holz auftritt. Dafür werden im Versuch Detaillösungen ermittelt, die durch geeignete und zertifizierte Fachbetriebe in der Praxis umgesetzt werden. Diese Lösung ist für Holzrahmenbauweise sinnvoll. Bei dieser Bauweise stellen im Brandfall die Hohlräume die größte Gefahr dar. Denn darin kann sich bei falscher Bauweise Feuer unkontrolliert ausbreiten und Glutnester erhalten bleiben, die zum erneuten Brandausbruch führen können.

Im Rahmen der Planung muss abgewogen werden, ob durch eine ausreichend dimensionierte Massivholzkonstruktion oder durch eine Kapselung die Feuerwiderstandsdauer erreicht werden soll.

4.5   Natürliche Dauerhaftigkeit

Jedes Holz weist eine spezifische, natürliche Dauerhaftigkeit gegen Abbau und Zerstörung durch Pilze und Insekten auf. Diese wurde in der DIN EN 350-2 1994-10 bewertet und kann bei der Planung zugrunde gelegt werden. Die Angaben aus der DIN EN 335 sind mit einiger Vorsicht zu betrachten, da die Dauerhaftigkeit innerhalb jeder Holzart und auch innerhalb eines Holzstammes stark schwanken kann. Die tatsächliche Dauerhaftigkeit könnte für den jeweiligen Stammabschnitt im Labor nachgewiesen werden, bedeutet aber einen großen Aufwand. Viel wirksamer als die Betrachtung der tatsächlichen Dauerhaftigkeit von einzelnen Hölzern ist die Ausbildung der Detaillösung.

Die holzspezifische Eigenschaft kann zur Erreichung einer Gebrauchsklasse nach DIN 68800-1 genutzt werden. Zuverlässig kann die geringe Dauerhaftigkeit der Klasse 5 angenommen werden. Jede Wasserbelastung führt bei diesen Hölzern in kurzer Zeit zum Wachstum von Pilzen mit Abbau des Holzes. Ebenfalls zuverlässig kann der Schutz von Farbkernhölzer gegen den Hausbock angenommen werden. Dauerhafte Hölzer widerstehen einem Angriff durch Pilze je nach Dauerhaftigkeitsklasse mehr oder weniger lange; Zahlenangaben in Jahren sind nicht möglich. Nur trockenes Holz ist wirklich dauerhaft geschützt.

4.6   Chemischer Holzschutz

Im Falle, dass Holz für Einsatzzwecke genutzt werden soll, die eine höhere Belastung darstellen, als sie von natürlichem Holz getragen werden kann, kann versucht werden, die Belastungsgrenzen durch chemischen Schutz zu erweitern. Die Wirksamkeit von chemischen Schutzmitteln muss immer sehr vorsichtig bewertet werden. Sobald Holz chemisch geschützt wird, wird ein hochtoxischer Wirkstoff auf oder in das Holz eingebracht, der bei der Nutzung und der Entsorgung des Holzes als Schadstoff in Erscheinung tritt. Auch wenn das Holz durch Pilze und Insekten zerstört wird, kann das Schutzmittel weiterhin als Umweltgift erhalten bleiben.

Chemischer Schutz
Durch einen chemischen Schutz wird aus einem ökologisch unbedenklichen Baustoff ein die Umwelt belastender Baustoff. Deshalb muss jeder chemische Schutz aus Umweltschutzperspektive als schädlich angesehen und weitestgehend vermieden werden.

Die Notwendigkeit chemischen Holzschutz anzuwenden muss gründlich erwogen werden, denn die Giftstoffe verteilen sich beispielsweise durch Wasserkreisläufe global und sind auch lange nach ihrer geplanten Nutzung weiterhin schädlich.

Erscheint chemischer Holzschutz erforderlich, gilt der Grundsatz, so viel wie nötig, denn zu geringe Schutzmittelmengen bieten keinen Holzschutz und stellen eine reine Umweltbelastung dar.

Holzschutzmittel werden nach ihrer Wirksamkeit gegen Insekten oder Pilze unterteilt und es wird zwischen vorbeugender oder bekämpfender Wirkungsweise unterschieden.

Holzschutzmittel können durch Streichen, Tauchen, Spritzen (nur in geschlossenen Anlagen) oder im Druckverfahren auf- bzw. eingebracht werden.

Die Eindringtiefenanforderung wird als NP (New Penetration Class) nach DIN EN 351-1 in NP 1 bis NP 6 angegeben. Diese richtet sich nach der Tränkbarkeit der Holzart. Dieses Zugeständnis an die technischen Möglichkeiten des Holzschutzmitteleintrags in die verschiedenen Holzarten muss in der Praxis mit Skepsis gesehen werden. Z. B. ist Fichtenholz schwer tränkbar, ohne einen natürlichen, erhöhten Schutz aufzuweisen. Diesem Umstand wird in der Norm dahin gehend Rechnung getragen, dass bei gleicher Anforderung bei Kiefernsplintholz eine NP 5 erreicht werden muss und bei Fichtenholz nur NP 3.

4.6.1 Tauchen/Streichen

Tauch- und Streichverfahren können ein Schutzmittel nur auf die Oberfläche (NP 1) aufbringen. Es kann je nach Holzart und Aufnahmefähigkeit nur bis maximal ca. 3 mm tief ins Splintholz eindringen. Bei Kernholz sind die Hoftüpfel verschlossen, sodass ein nennenswerter Eintrag von Schutzmittel nicht möglich ist und Schutzmittel nur oberflächlich aufliegen kann. Streichen und Kurztauchen können bei sorgfältiger Ausführung einen oberflächlichen Schutzfilm herstellen. Dieser wird durch nachträgliche Risse und Bearbeitung beschädigt, sodass hier Insekten mithilfe ihrer mehrere Zentimeter langen Legeröhre die Eier ins ungeschützte Holz legen und sich die Larven ungestört unter dem Schutzmittel entwickeln können. Die dünne Schutzmittelauflage kann das Insekt beim Schlüpfen nicht schädigen, sodass eine Paarung und erneute Eiablage durchaus möglich ist. Gegen Pilze ist ein Oberflächenschutz kaum wirksam, weil Pilze als Konglomerat auftreten. Wenn an einem Holzbauteil ausreichend Feuchtigkeit vorliegt, dann entwickeln sich die für diese Stelle und die dort vorliegenden Stoffe die notwendigen Organismen, um eine Umwandlung der vorhandenen Stoffe einzuleiten. Dieser Prozess ist so vielschichtig, dass hierüber keine Kenntnisse über Zusammenhänge vorliegen.

4.6.2   Trogtränken

Trogtränken wird durch eine längere Einlagerung im Schutzmittel hergestellt, damit dieses tiefer ins Holz eindringen kann. So können Dachlatten, Balken und Bretter behandelt werden. Wenn Holz vor der Verarbeitung getränkt wird ist zu beachten, dass das Schutzmittel nur außen aufliegt und seitlich nur bis ca. 3 mm eindringt. Somit wird durch spanabtragende Bearbeitung das Schutzmittel entfernt. Auch bedeutet das Einlagern eine Feuchtigkeitsaufnahme, die beim Trocknen zu Rissen führt. Diese Risse legen das ungeschützte Holz frei.

Über die Kopfenden dringt das Schutzmittel tiefer ein, sodass das Einlagern von fertig bearbeiteten Balken besonders im Auflagerbereich eine sehr wirksame Schutzmethode ist, die auch handwerklich erfolgreich umgesetzt werden kann.

4.6.3   Kessel-Vakuum-Druck-Imprägnierung

Dieses Verfahren wird in technischen Anlagen durchgeführt. Dafür wird das Holz in einem Druckkessel eingelagert. Der Druckkessel erzeugt Druck und Vakuum, saugt damit Luft aus den Holzporen ab und presst das Holzschutzmittel ein. Wenn Holz auf diese Art geschützt werden soll ist es sinnvoll, das Holz zuerst abzubinden und alle Bearbeitungsschritte fertig zu stellen, bevor das Schutzmittel ein- und aufgebracht wird. Auch bei diesem Verfahren kann das Schutzmittel nur oberflächlich und nur ins Splintholz eingebracht werden. Eine vollständige Tränkung des gesamten Holzquerschnitts ist auch mit diesem Verfahren nicht möglich.

4.6.4   Schutzmittel

Chemischer Holzschutz wird mit vorbeugenden Schutzmitteln hergestellt. Diese Schutzmittel müssen bauaufsichtlich zugelassen sein. Im Gegensatz zur Bekämpfung, bei der ein bekannter Schadensorganismus bekämpft werden soll, muss ein Schutzmittel alle möglichen Angriffe durch Schadensorgansimen abwehren. Die möglichen Schadensorganismen ergeben sich aus dem geplanten Einbauort und den dort zu erwartenden Schädlingen. Deshalb muss vor der Auswahl des Schutzmittels die Gebrauchsklasse bestimmt werden und daraus die Anforderung an das Schutzmittel festgelegt werden. Diese Angaben sind dem Hersteller des geschützten Holzes mitzuteilen, damit die geeigneten Schutzmittel angewendet werden können.

4.7   Holzschutz durch Beschichten

Durch Beschichtung kann die farbliche Erscheinung, die Belastung durch UV und die Wasseraufnahme vermindert werden. Dafür muss eine Beschichtung als geeignetes System auf das entsprechend vorbereitete Holz aufgebracht werden. Im Bereich von Kanten muss das Holz abgerundet werden, um eine Kantenflucht des Beschichtungssystems zu verhindern. Kantenflucht bedeutet, dass der Farbauftrag im Bereich der Kante dünner wird und hier Feuchtigkeit die Beschichtung hinterlaufen kann. Je nach Beschichtungssystem und klimatischer Belastung müssen Wartungsintervalle zwischen einem und fünf Jahren eingehalten werden.

Maßhaltige Bauteile wie Fenster müssen nach aktueller allgemeiner Ansicht [4] beschichtet werden, um funktionstüchtig zu bleiben.

Meine Beobachtung an diversen Holzfenstern zeigte, dass wettergeschützt eingebaute Holzfenster sehr wohl ohne jeden Anstrich dauerhaft und funktionstüchtig bleiben, wenn ein Vergrauen akzeptiert wird.

Ein Anstrich stellt immer auch eine Gefährdung dar. Wasser wird zwar ferngehalten, eine Trocknung allerdings auch behindert. Entweder wird die Beschichtung durch das austrocknende Wasser abgehoben und damit beschädigt oder die Feuchtigkeit verbleibt länger als ohne Anstrich im Holz und bietet Pilzen eine Lebensgrundlage. Wenn eine Beschichtung als Schutz neben der farbigen Gestaltung geplant ist muss sehr sorgfältig darauf geachtet werden, dass keine Feuchtigkeit unter die Beschichtung gelangt.

Ein Beispiel aus der Praxis

Holzfenster mit anthrazitfarbiger Beschichtung wurden in einem Neubau aus Kalksandstein-Mauerwerk eingebaut. Die Fassade wurde mit einem Wärmedämmverbundsystem (WDVS) aus Polystyrol gedämmt. Kurz nach dem Bezug der Häuser zeigten viele Fenster blasenartige Abhebungen der Beschichtung außen direkt neben der Anputzschiene. Die Untersuchung zeigte Holzfeuchtewerte von bis zu 35 % im Bereich der Blasen. Das Mauerwerk enthielt neben der normalen Restfeuchte von der Produktion auch erheblichen Wassereintrag durch Niederschlag während der Rohbauphase. Die Fenster waren auf der Sichtseite mit einer Schichtdicke von ca. 150 µm beschichtet. Wandseitig war die Beschichtung nur ca. 50 µm und weniger, weil sich hier auch noch eine Nut befand. So glich sich die austrocknende Feuchtigkeit des Mauerwerks in das trockene Holz der Fenster aus. Durch den Anstrich wurde der Feuchtetransport nach außen behindert, sodass der Anstrich beschädigt wurde (siehe Abb. 3.5 und 3.6).

Andere Anwendungen für Beschichtungen wie Verkleidungen und Tragelemente, z. B. Fachwerkständer, unterliegen der gleichen Problematik. Solange die Beschichtung ausschließlich von außen aufliegende Feuchtigkeit vom Holz fern hält, kann ein sinnvoller Schutz erwartet werden. Eine notwendige Wartung sollte regelmäßig durchgeführt werden. Sobald das Holzteil aber Fehlstellen wie Risse oder Bearbeitungsstellen aufweist oder Wasser aus dem seitlich anliegenden Mauerwerk hinter den Anstrich gelangt, verhindert der Anstrich die Trocknung und verursacht eine Wasseransammlung.

4.8 Nutzungsdauer

Die Definition der Nutzungsdauer im Rahmen der Planung hat erheblichen Einfluss auf den Aufwand für die Errichtung der Konstruktion. Holz als nachwachsender Rohstoff befindet sich in einem natürlichen Kreislauf und kann deshalb durch Kompostierung oder thermisch Verwertung schadlos entsorgt werden, wenn es nicht mit chemischen Schutzmitteln behandelt wurde. Deshalb bietet sich Holz besonders für temporäre Bauwerke an. Aber nicht nur kurzfristige Lösungen sind mit Holz realisierbar, auch sehr dauerhafte Gebäude können mit Holz geschaffen werden, wenn die Details und die Gestalt entsprechend der vorgesehenen Nutzungsdauer geplant und ausgeführt werden. Deshalb ist die Überlegung zur geplanten Nutzungsdauer ein wichtiger und weitreichender Planungsschritt.

Bis zur Standzeit von maximal ca. zwei Jahren reicht auch bei Bewitterung die natürliche Dauerhaftigkeit von üblichem Bauholz aus (Fichte/Tanne) aus, sodass kein besonderer Holzschutz erforderlich ist. Alleine durch einfache Detaillösungen kann eine ausreichende Dauerhaftigkeit erreicht werden. Wichtig ist, dass die Standzeit nicht nachträglich verlängert wird. Dafür muss der Planer geeignete Maßnahmen ergreifen. Mit der Errichtung könnte beispielsweise bereits die Entsorgung vereinbart und ein pünktlicher Abbruch vertraglich vereinbart werden.

Vorteil einer begrenzten Standzeit ist die Möglichkeit, einfach und preiswert bauen zu können.

Holz bindet CO_2 und gibt dieses wieder frei, wenn es thermisch oder auch durch Pilze im natürlichen Kreislauf zersetzt wird. Die Holzverarbeitung erfordert nur geringen Energieeinsatz, sodass eine positive Ökobilanz immer zu erwarten ist. Ob das Holz im Wald verbleibt und durch natürliche Prozesse wieder in den natürlichen Kreislauf zurückgeführt und dabei das gespeicherte CO_2 wieder frei gibt oder einige Jahre genutzt wird und damit als CO_2-Speicher fungiert, verschafft dem Holz im Vergleich zu jedem anderen Baustoff einen großen Vorteil.

Holzschutz bei der Sanierung 5

Wenn Holzbauteile saniert werden müssen, sind sie durch Insekten, Pilze, Feuer oder chemische Prozesse geschädigt. In jedem Fall muss vorerst die Ursache ermittelt werden, damit diese zuverlässig beseitigt werden kann. In den meisten Fällen ist Wasser die Ursache für die Schädigung.

In der DIN 68800 Teil 4 werden verschiedene Sanierungsmethoden beschrieben, die befolgt werden müssen. In der Praxis können diese Vorgaben oft nicht wie beschrieben umgesetzt werden, sodass auch die Norm empfiehlt, eine Sanierung stets durch Sachverständige individuell zu planen und den Anforderungen entsprechend umzusetzen. Eine fach- und sachgerechte Sanierung besteht aus der örtlichen Untersuchung, dem Sanierungskonzept und der Durchführung der Sanierung.

5.1 Schadensanalyse vor Ort

Die Schadensanalyse vor Ort ist der wichtigste Schritt für eine erfolgreiche Sanierung. Alle Analyseverfahren wie Laborauswertungen und die Auswertung von Fotos und Messergebnissen können nur bestätigen und verifizieren, was beim Ortstermin zusammengetragen wurde. Der Ortstermin verlangt handwerkliches Geschick zur sachgerechten Bauteilöffnung, detektivischen Spürsinn und genaue Kenntnisse der möglichen Mess- und Untersuchungsverfahren, um Messtechnik richtig einzusetzen, alle wichtigen Fakten zu erkennen und nach fehlenden Hinweisen zu suchen.

Es hat sich bewährt zu Beginn jeder Untersuchung die bauliche Systematik, wie sie durch Nutzung und Tragwerk dargestellt wird, zu ermitteln und die Dokumentation danach auszulegen. Gebäudeabschnitte werden durch Nutzungseinheiten und

© Springer Fachmedien Wiesbaden GmbH, ein Teil von Springer Nature 2018
B. Kopff, *Holzschutz in der Praxis,* essentials,
https://doi.org/10.1007/978-3-658-21488-3_5

Brandwände markiert. Die einzelnen Balken können je nach Tragwerk in Haupt- und Nebenträger eingeteilt und bezeichnet werden. Bei der Markierung vor Ort empfiehlt es sich, die Markierung in den verschiedenen Bereichen mit unterschiedlichen Farben anzubringen. So können Fotos später leichter wieder zugeordnet werden.

Im nächsten Schritt sollten alle erkennbaren Schäden deutlich markiert werden. Dazu hat sich in Bauwerken ohne Anspruch an Denkmalschutz oder Gestaltung Markierspray bewährt.

Danach sollen alle Schäden in der Übersicht und im Detail fotografiert und in einen Plan eingezeichnet werden. Im Rahmen der vollständigen Bestandsaufnahme muss auch noch das Umfeld untersucht und dokumentiert werden. Es lohnt sich Fassaden, Dachflächen und Nachbargebäude ebenfalls gründlich auf Hinweise zu untersuchen.

Bei Insektenbefall sollte durch Monitoring die Notwendigkeit einer Bekämpfung geprüft werden. Monitoring bedeutet, dass der identifizierte Schadensbereich überwacht wird. Beispielsweise werden Ausflugslöcher überklebt und Neue entstandene markiert. Durch Fallen werden Insekten gefangen und dokumentiert. Aus der Menge und Art der Insekten kann auf die tatsächliche Gefährdung geschlossen werden. Aus der örtlichen Untersuchung muss die Schadensursache abgeleitet werden, um diese dauerhaft beseitigen zu können.

5.2   Schadensursache

Zu jedem Befund muss eine realistische Schadensursache gefunden werden. Es hat sich bei nicht nachvollziehbaren Schadensursachen als sinnvoll erwiesen, Hypothesen aufzustellen und diese auf Relevanz zu prüfen. Dieser Punkt sollte weitestgehend vor Ort bearbeitet werden, weil oft unscheinbare Hinweise, die weder auf Fotos noch durch Messergebnisse sichtbar werden, zur Schadensursache weisen können. Dieser Punkt verlangt oft Geduld, Ausdauer und Selbstkritik, weil es nicht selten vorkommt, dass scheinbar eindeutige Hinweise ihre Relevanz verlieren und aus einem anderen Gesichtspunkt betrachtet werden müssen.

Wenn die wirkliche Schadensursache nicht gefunden wird, greift das Sanierungskonzept nicht und eine wirksame und dauerhafte Beseitigung des Schadens ist nicht möglich. Die durchgeführte Sanierung muss im ungünstigen Fall erneut saniert werden.

Bei Insektenbefall kann es wegen mangelhafter Untersuchung geschehen, dass ein abgestorbener Insektenbefall unnötigerweise bekämpft wird und damit unnötig Giftstoffe in das Gebäude oder die Umwelt eingebracht werden.

Bei Pilzschäden kann eine nicht korrekte Untersuchung zum Wiederaufleben der Pilze führen. Weder augenscheinliche Trockenheit noch scheinbar totes Myzel geben Gewissheit darüber, ob der Befall tatsächlich abgestorben ist.

5.3 Sanierungskonzept

Ein Sanierungskonzept beschreibt die notwendigen Schritte zur Schadensbeseitigung. Dabei muss das Sanierungskonzept die Ziele des Bauherrn sowie bauliche Gegebenheiten berücksichtigen und eine zuverlässige Beseitigung der Schadensorganismen gewährleisten. Durch das Zitieren und Wiedergeben von Normteile und Merkblätter kann kein hilfreiches Sanierungskonzept erstellt werden. Zur Erstellung eines brauchbaren Sanierungskonzepts sind nicht nur fundierte Kenntnisse über Schadorganismen und ihre Lebensweise zwingend erforderlich, sondern zudem auch fundierte Kenntnisse der aktuellen Baukunst, Architektur, Tragwerkslehre und Bauphysik. Dieses Wissen muss sinnvoll den jeweiligen Gegebenheiten angepasst eingesetzt werden.

5.3.1 Sanierung bei Insektenbefall

Insekten entwickeln sich aus Eiern zu Larven die mehrere Jahre mit zunehmender Schädigung des Holzes im Holz leben. Somit verlangt die Feststellung von Insekten im Holz kein schnelles Handeln. Solange die Resttragfähigkeit noch ausreicht, um dauerhaft die Standsicherheit zu gewährleisten, kann mit Bedacht geprüft werden, ob ein Lebendbefall und ein Befall von holzzerstörenden Insekten vorliegt.

Liegt nachweislich ein lebender Befall von holzzerstörenden Insekten vor, kann eine geeignete Bekämpfungsmethode ermitteln und diese in Einklang mit den sonstigen baulichen Vorhaben des Bauherrn umgesetzt werden. Wenn die Untersuchung eine Bekämpfung nahelegt, stellt die Vorbereitung den wichtigeren Teil dar, denn Schutt sowie loses und vermulmtes Material müssen entfernt und das Holz gereinigt werden. Die Resttragfähigkeit muss geprüft werden.

Jede Bekämpfung muss so durchgeführt werden, dass weder Mensch noch Umwelt Schaden erleiden. Zur Bekämpfung können Neurotoxine, Häutungshemmstoffe, Hormone, Pyrethroide, Heißluft und Gase eingesetzt werden. Vor dem Einsatz eines bekämpfenden Wirkstoffs muss die Auswirkung auf andere Organismen, wie z. B. sich im Einsatzbereich befindliche Vögel und Fledermäuse, und auf Bauwerk und Einbauteile geprüft werden. Giftstoffe können im Bestand nur oberflächlich aufgebracht werden, Insekten leben jedoch im Holzinneren. Es wurde festgestellt, dass Insektenlarven den Giftstoff erkennen und ihm ausweichen, sodass der Erfolg von toxischen Schutzmitteln als sehr begrenzt angesehen werden muss. Als wirksam haben sich Heißluft und Begasung erwiesen. Beim Heißluftverfahren werden der umgebende Raum, und damit das Holz, erhitzt und die im Holz lebenden Organismen abgetötet. Beim Begasen werden erstickende oder toxische Gase an das befallene Holz gebracht und die Organismen abgetötet. Beide Verfahren müssen von Spezialfirmen durchgeführt werden. Besonders erstickende Gase müssen längere Zeit auf das Holz einwirken.

5.3.2 Sanierung bei Nassfäulepilzen

In der DIN 68800-4 sowie in den WTA Merkblättern werden genaue Anweisungen zur Bekämpfung von Nassfäulepilzen gegeben. Eine Wiederholung dieser Vorgaben soll an dieser Stelle nicht erfolgen. Nachfolgend sollen Ansätze, die auf einer genauen und ungewohnten Lesart der DIN 68800 basiert, als weitere Lösungsansätze vorgeschlagen werden.

Wenn eine Holzkonstruktion von Pilzen befallen ist, geschädigt wurde und eine Sanierung erforderlich ist, **muss** die Schadensursache, also die Wasserquelle, zweifelsfrei identifiziert und beseitigt werden. Das geschädigte Holz sollte soweit wie möglich ausgebaut und ersetzt werden. Kann die Wasserquelle eindeutig und dauerhaft beseitigt werden und das Holz sicher in die Gebrauchsklasse 0 oder 1 der DIN 68800-1 eingeordnet werden, kann der Sanierungsaufwand auf die Beseitigung der Ursache und die Wiederherstellung der Standsicherheit verringert werden. Bei dieser Art der Sanierung ist besonders relevant zu berücksichtigen, dass die Gebrauchsklasse nicht bestimmt, sondern baulich für jedes organische Objekt im Umkreis zuverlässig geschaffen, d. h. hergestellt, werden muss. Unterläuft dabei ein Fehler wird der Pilz wiederholt auswachsen und die Sanierung muss, mit allen Konsequenzen für die Verantwortlichen, erneut saniert werden.

Zudem sind bei diesem Vorgehen die nicht unerheblichen juristischen Konsequenzen zu prüfen und zu beachten.

Kann die Wasserquelle nicht zweifelsfrei beseitigt werden, im Keller oder Außenbereich, muss sämtliches befallenes Holz mit dem erforderlichen Rückschnitt ausgebaut und beseitigt werden. Holzteile müssen mit Stahl an das nicht zu trocknende Mauerwerk angeschlossen werden.

Bei einer Regelsanierung mit Bohrlochtränkung muss auch immer bedacht werden, dass mit den Schutzmitteln erhebliche Wassermengen ins Mauerwerk eingebracht werden, das wieder ausgetrocknet werden muss.

5.3.3 Sanierung bei Echtem Hausschwamm

Der Echte Hausschwamm wird stets als Sonderfall mit verschärften Anforderungen behandelt. Es wurde lange Zeit angenommen, dass der EHS in der Lage sei, Wasser zu leiten und damit auch trockenes Holz abzubauen. Versuche von Dr. Tobias Huckfeld (http://www.ifholz.de/) widerlegten diese Vermutung. Auch der EHS benötigt ausreichend Wasser am Holz, um dieses abzubauen. Eine Wasserleitung durch den Pilz wurde nur bis zu maximal einem Meter nachgewiesen. Der Autor konnte messtechnisch Hinweise finden, die darauf hinwiesen, dass ein EHS im Mauerwerk wachsen konnte. Weil Kondenswasser nur zeitweise auftritt und der EHS in der Lage ist durch Myzelien Bereiche vor Austrocknung zu schützen, kann er diese Quelle sehr gut nutzen. Wenn die Untersuchungen zu Zeiten ohne sichtbaren Kondenswasserausfall stattfinden, erscheint es, als ob der Pilz im trockenen Mauerwerk oder Holz überleben und das Holz abbauen könnte.

Beispiel

In einer Brandwand wurde ein Befall mit EHS festgestellt. Eine Wasserquelle konnte nicht festgestellt werden. Durch Thermografie, Luftfeuchtemessung in der Wand und Hochfrequenzmessung der Feuchtigkeit im Wandinneren konnte gezeigt werden, dass von der darunter befindlichen Wohnung ein Luftstrom im Fugennetz im Inneren der Wand vorlag, der zu Kondenswasserausfall im Bereich des festgestellten EHS-Befalls geführt hat.

Deshalb gilt auch zur Bekämpfung des EHS, dass im Rahmen der Sanierung zuerst und zuverlässig die dem Pilz lebensspendende Wasserquelle gefunden und beseitigt werden muss. Zusätzlich können Zugluft und Veränderung der Umgebungstemperatur einen EHS eindämmen. Eine normgerechte Schwammsanierung wird dann unbedingt erforderlich, wenn die Wasserquelle nicht sicher beseitigt werden kann. In diesem Fall müssen die chemische Behandlung und der Rückbau so sorgfältig ausgeführt werden, dass eine Ausbreitung des Pilzes und ein Neubefall der ausgetauschten Bauteile nicht mehr möglich werden. Beim Einsatz von chemischen Bekämpfungsmitteln muss beachtet werden, dass der Pilz durch die chemischen Produkte nur am Wachstum gehindert wird, ein sicheres Abtöten ist nicht möglich. Ein Abtöten gelingt durch eine Wärmebehandlung und durch Entzug des Wassers für mindestens zwei Jahre. Nach dieser Zeit ohne Wasser stirbt der Pilz ab.

5.4   Resttragfähigkeit

Wenn es gelingt die Wasserquelle zu beseitigen, kann geschädigtes Holz verbleiben.
Dann muss die Resttragfähigkeit ermittelt werden.

5.4.1   Bei Insektenbefall

Bei Insektenbefall muss die Fraßtätigkeit der Insektenlarve berücksichtigt werden.
Der Hausbock frisst nur Splintholz, sodass bei Farbkernhölzern das Kernholz
als ungeschädigt und damit vollständig tragfähig angenommen werden darf. Bei
Anobien und Splintholzkäfern besteht keine Beschränkung der Fraßtätigkeit. Eine
zuverlässige Einschätzung der Resttragfähigkeit aufgrund der Ausflugslöcher ist
nicht möglich.

5.4.2   Bei Pilzbefall

Pilze bilden Hyphen, welche an den Enden Enzyme absondern, die den Substanz-
abbau im Holz verursachen. Die Hyphen des Pilzes dringen weiter ins Holz vor,
als durch Fäule erkennbar ist. Eine oberflächliche Fäule kann durchaus darauf
hinweisen, dass die Hyphen den Großteil des Holzgefüges durchwachsen haben.
Die Enzyme greifen zuerst die Hemyzellulose an. Dieser Holzbestandteil wirkt
wie eine Feder zwischen Zellulose und Lignin und gibt dem Holz seine beson-
deren Festigkeitseigenschaften. Fehlt dieser Baustein im Holz wird das Holz
spröder und bricht schneller. Bei der Bewertung der Resttragfähigkeit von durch
einen Pilz geschädigtem Holz muss also das Holz ohne genauere Untersuchung
der Holzstruktur vorsorglich im gesamten Querschnitt als sprödbrüchig angesehen
werden.

Holzschutz und Umweltschutz   6

Holz als Rohstoff stellt einen höchst umweltverträglichen Baustoff dar. Mit der Bearbeitung vom Fällen bis zum Bauholz vergrößert sich sein ökologischer Fußabdruck nur in geringem Umfang im Vergleich zu vielen anderen Baustoffen. Wegen der leichten Bearbeitbarkeit verursachen Baustoffe aus Holz keine großen Energieaufwendungen. Auch ein hochkomplex bearbeiteter Holzwerkstoff erfordert noch einen geringeren Energieeinsatz, als andere Baustoffe wie beispielsweise Beton oder Stahl. Wegen des geringen Gewichtes im Verhältnis zur Tragfähigkeit halten sich auch Transportaufwendungen in Grenzen, sodass Holz aus nachhaltiger Forstwirtschaft aus ökologischer Perspektive bedenkenlos verbaut werden kann.

Holzschutz über der Gebrauchsklasse 0 verlangt dauerhafte Hölzer oder chemischen Holzschutz. Dauerhafte Hölzer verwenden bedeutet, dass langsamer- und wildwachsende Hölzer verwendet werden, deren Ernte und Verarbeitung ökologische Schäden verursachen können. Es wurde festgestellt, dass Plantagenhölzer weniger dauerhaft sind als wild gewachsen Stämme der gleichen Art. Um mit der Holzauswahl einen ökologischen Schaden klein zu halten sollte nur entsprechend zertifiziertes Holz verwendet werden.

6.1   FSC-Siegel

Es existieren zahlreiche Zertifikate für den Holzschutz. Nachfolgend eine Darstellung der Stiftung Unternehmen Wald als Zitat zum Siegel des Forest Stewardship Council (FSC):

© Springer Fachmedien Wiesbaden GmbH, ein Teil von Springer Nature 2018   39
B. Kopff, *Holzschutz in der Praxis*, essentials,
https://doi.org/10.1007/978-3-658-21488-3_6

Das FSC-Siegel wurde nach der Umweltkonferenz von Rio de Janeiro 1992 ins Leben
gerufen und garantiert eine nachhaltige Waldbewirtschaftung. Das FSC wird weltweit
von Umweltorganisationen, Gewerkschaften, Interessenvertretern indigener Völker sowie
zahlreichen Unternehmen aus der Forst- und Holzwirtschaft unterstützt. Es stellt glaub-
würdig sicher, dass die Wälder weltweit ohne Raubbau, mit Rücksicht auf die Rechte
der lokalen Bevölkerung und der Forstarbeiter bewirtschaftet werden. FSC-zertifizierte
Wälder werden von unabhängigen Fachleuten zertifiziert und regelmäßig kontrolliert.

6.2   PEFC Siegel

Das PEFC-Siegel (Programme for the Endorsement of the Certification Schemes) ist einige
Jahre jünger als das FSC-Siegel und wurde von europäischen Holz- und Forstwirtschafts-
vertretern gegründet. Nach anfänglichen Schwierigkeiten garantiert das Siegel des PEFC
eine nachhaltige Forstwirtschaft, ist aber derzeit nur auf europäisches Holz beschränkt.
Tropenholz wird derzeit noch nicht vom PEFC zertifiziert.

Gesetze und Normen

7

Gesetze, Verordnungen sowie kommunale Vorschriften sind verbindlich. Sie regeln in den Bauordnungen den Brandschutz sowie die Ausführung von Bauwerken. Andere reglementieren den Umgang mit Gefahrstoffen wie z. B. den Umgang mit Holzschutzmitteln.

Normen, Merkblätter und andere Schriften zur richtigen Bauausführung wurden geschaffen, um Streit zu vermeiden und allen Beteiligten klare Handlungs- und Bewertungsanweisungen zu geben.

Die Normen werden vom Beuth Verlag herausgegeben. Normen und Normenabschnitte, die wichtige Aussagen zu baurechtlich relevante Themen treffen, können von Landesbaubehörden bauaufsichtlich eingeführt werden. Damit wird ihre Umsetzung bindend. Nicht bauaufsichtlich eingeführte Normen sind privatrechtliche Vereinbarungen, die zwischen den Parteien gesondert vereinbart werden müssen. Im Streitfall werden sie aber als Richtlinie herangezogen und sollten wegen ihrer allgemeinen Gültigkeit befolgt und umgesetzt werden.

Zur Harmonisierung des europäischen Marktes werden europäische Normen (EN) geschaffen. Sie werden nach ihrem Erscheinen fortlaufend nummeriert. Ihre wichtigste Aufgabe ist die Beseitigung von Handelshemmnissen. Die vorhandenen, national gültigen DIN-Normen müssen den EN-Normen angepasst werden.

Bei Normen ist zwischen Prüf- und Anwendungsnorm zu differenzieren. Die Prüfnorm gibt an wie ein Produkt oder eine Sache zu prüfen ist, damit die Ergebnisse vergleichbar sind. Mit der Einhaltung einer Prüfnorm ist noch keine Aussage zur Eignung gegeben.

Die Anwendungsnormen geben Hinweise zur Anwendung. Durch Anwendung einer Norm entzieht sich niemand der Verantwortung für sein eigenes Handeln. Deshalb sei jedem, der mit Normen arbeitet geraten, diese nach dem gemeinten Sinn umsetzen. Des Weiteren muss sich jeder der eine Norm anwendet bewusst sein, dass eine Norm immer das Ergebnis aus der Abwägung verschiedener Interessensgruppen

© Springer Fachmedien Wiesbaden GmbH, ein Teil von Springer Nature 2018
B. Kopff, *Holzschutz in der Praxis,* essentials,
https://doi.org/10.1007/978-3-658-21488-3_7

ist. Normenarbeit ist teuer und aufwendig, sodass nicht allein fachliche Qualifikation, sondern auch wirtschaftliche Möglichkeiten über die Mitarbeit im Normenausschuss und damit über die Aussagen der Norm entscheiden.

Nachfolgend wird eine Übersicht über Normen und deren Grundaussagen getroffen. Sie sind bewusst stark vereinfacht und auf die vom Autor als wesentlich betrachteten Aussagen beschränkt. Wenn diese umgesetzt werden sollen, müssen die Originaltexte beschafft und studiert werden.

7.1   DIN 68800 Teil 1–4 (2012)

Diese Norm ist die wichtigste nationale Holzbaunorm und regelt Grundlegendes des baulichen sowie chemischen Holzschutzes sowie der Sanierung bei durch Pilze und Insekten geschädigten Holzbauteilen. Sie bezieht sich nur auf tragende Hölzer, kann aber sinngemäß auch für nicht tragende Bauteile angewendet werden.

7.1.1   Teil 1: Allgemeines

Die Aussagen dieses Normteils stellen die Basis für die drei folgenden Normteile dar. Das zentrale Element dieses Normteils ist die Einteilung in die Gebrauchsklassen. Vor jeder Planung oder Bauausführung muss für jedes Bauteil aus Holz die Gebrauchsklasse ermittelt und festgelegt werden. Daraus ergibt sich der erforderliche Holzschutz. Dies erfolgt mithilfe einer Tabelle und einem Schaubild. Es werden fünf Gebrauchsklassen angeboten. Die Gebrauchsklasse 3 unterteilt sich in 3.1 und 3.2. Zusätzlich wird für alle Hölzer die zuverlässig vor Feuchtigkeit und Insektenbefall geschützt werden können die Gebrauchsklasse 0 angeboten. Diese Gebrauchsklasse sollte durch Planung und Ausführung angestrebt werden. Sie verlangt besondere bauliche und konstruktive Maßnahmen, die aber bei Wohngebäuden meist erreicht werden können. In jedem Fall muss die Gebrauchsklasse 0 bewusst geplant und aktiv umgesetzt werden.

Die Gebrauchsklasse 1 geht nur von Befall durch Insekten aus. Das Holz kann durch natürliche Dauerhaftigkeit oder chemischen Holzschutz mit überschaubarem Aufwand geschützt werden. Auch ein nachträglich entdeckter Befall mit Insekten kann wirtschaftlich bekämpft werden.

Die Gebrauchsklasse 2; 3.1 und 3.2 geht von Insektenbefall und einer Feuchtebelastung aus, die so groß ist, dass ein Pilzwachstum möglich ist. Damit Holz in die GK 2 eingeordnet werden darf, darf nur eine temporäre und erhöhte Feuchtigkeit vorliegen. Ein dauerhafter Holzschutz ist durch Holzauswahl oder durch chemische Behandlung möglich. Bei einer Belastung als GK 3 ist zu erwarten, dass das

Holzschutzmittel ausgewaschen werden könnten. Mit Blick auf die derzeit vorhandenen Holzschutzmittel und die technischen Möglichkeiten diese ins Holz zu bringen fällt auf, dass ein wirklich dauerhafter und wirksamer Holzschutz durch chemische Schutzmittel aus technischer Sicht nicht möglich ist, sodass bei diesen Belastungen das Holz nur als temporäre Lösung chemisch geschützt werden kann. Es gibt wenige Bauhölzer, die tatsächlich ausreichend natürlichen Widerstand gegen die hier zu erwartenden Belastungen aufweisen.

Die Gebrauchsklasse 4 und 5 beinhaltet eine Gefährdung durch Moderfäule und ständige Wasserbelastung. Ein dauerhafter Schutz des Holzes ist aus technischer Sicht nicht möglich, sodass die Schutzmaßnahmen immer in Verbindung mit einer sinnvoll abgewogenen Nutzungsdauer geplant werden müssen (Tab. 7.1).

Tab. 7.1 Übersicht über die Gebrauchsklassen in Anlehnung an die DIN 68800 Teil 1–4

Gebrauchsklasse	Beschreibung
0	Zuverlässig vor Feuchtigkeit und Insektenbefall geschütztes Holz. Diese Gebrauchsklasse sollte durch Planung und Ausführung angestrebt werden. Sie verlangt besondere bauliche und konstruktive Maßnahmen, die aber bei Wohngebäuden meist erreicht werden können. In jedem Fall muss die Gebrauchsklasse 0 bewusst geplant und aktiv umgesetzt werden
1	Insektenbefall. Das Holz kann durch natürliche Dauerhaftigkeit oder chemischen Holzschutz mit überschaubarem Aufwand geschützt werden. Auch ein nachträglich entdeckter Befall mit Insekten kann wirtschaftlich bekämpft werden
2	Insektenbefall und Feuchtebelastung. Damit Holz in die GK 2 eingeordnet werden darf, darf nur eine temporäre und erhöhte Feuchtigkeit vorliegen. Ein dauerhafter Holzschutz ist durch Holzauswahl oder durch chemische Behandlung möglich
3	Insektenbefall und Feuchtebelastung. Bei einer Belastung als GK 3 ist zu erwarten, dass das Holzschutzmittel ausgewaschen werden könnten. Mit Blick auf die derzeit vorhandenen Holzschutzmittel und die technischen Möglichkeiten diese ins Holz zu bringen fällt auf, dass ein wirklich dauerhafter und wirksamer Holzschutz durch chemische Schutzmittel aus technischer Sicht nicht möglich ist, sodass bei diesen Belastungen das Holz nur als temporäre Lösung chemisch geschützt werden kann. Es gibt wenige Bauhölzer, die tatsächlich ausreichend natürlichen Widerstand gegen die hier zu erwartenden Belastungen aufweisen
4 und 5	Ständige Wasserbelastung und Moderfäule. Ein dauerhafter Schutz des Holzes ist aus technischer Sicht nicht möglich, sodass die Schutzmaßnahmen immer in Verbindung mit einer sinnvoll abgewogenen Nutzungsdauer geplant werden müssen

7.1.2   Teil 2: Konstruktive Maßnahmen

Teil 2 beschreibt konstruktive Maßnahmen, die geeignet sind, um Bauwerke aus Holz schadenfrei zu errichten. Dabei wird auf die Schritte Lagerung, Lieferung und Einbau Bezug genommen, da bei diesen Fertigungsschritten erhebliches Schadenspotenzial liegt. Ein wichtiges Thema ist die Holzfeuchtigkeit, weil diese indirekt die Ursache für alle Schäden ist. Deshalb muss Holz vor der Verarbeitung getrocknet und danach trocken gelagert und transportiert werden. Eine Befeuchtung des Holzes aus der Bautätigkeit muss verhindert werden. Wenn das Bauholz trotz aller Vorsicht im Rahmen der Bautätigkeit nass geworden ist muss nachgewiesen werden, dass es innerhalb von drei Monaten auf weniger als 20 % Holzfeuchtigkeit abtrocknen kann.

In diesem Normteil werden Regeldetails dargestellt, die ohne weitere Prüfung durch den Anwender umgesetzt werden können und die eine Schadenfreiheit garantieren sollen. Als in Fachkreisen umstrittenes Detail sei auf das Bild A.23 aus dem Anhang des Normteils verwiesen.

In jedem Fall muss der Anwender die vorgeschlagenen Detaillösungen in Bezug zu seiner individuellen Problemstellung auf Eignung prüfen. Sinnvoll ist es den Normenkommentar und andere Schriften, wie z. B. vom Informationsverein Holz und auch Fachzeitschriften, bei der konkreten Lösungsfindung hinzuzuziehen.

7.1.3   Teil 3: Chemischer Holzschutz

Ein chemischer Holzschutz kommt immer dann infrage, wenn der konstruktive Holzschutz nicht mehr ausreicht. Die Notwendigkeit zum chemischen Holzschutz wird durch die Klassifizierung in die jeweilige Gebrauchsklasse festgelegt (DIN 68.800 Teil 1). Holzschutzmaßnahmen dürfen nur von Fachbetrieben mit geeignetem Personal durchgeführt werden. Mit Holzschutzmitteln behandeltes Holz wird hinsichtlich der Verwendbarkeit in den Gebrauchsklassen durch die Art des Schutzmittels, die Einbringtiefe und -menge definiert. Es wird die Herstellung von geschützten Holzprodukten ohne CE-Kennzeichnung erläutert. Es wird auch die Verwendbarkeit und die Nachbehandlung von Holz mit CE-Kennzeichnung erläutert. Holzschutzmittel müssen nach nationalem Recht verkehrsfähig und nur im vorgesehenen Einsatzzweck verwendet werden. Für tragende Holzbauteile muss das Holzschutzmittel einen bauaufsichtlichen Verwendbarkeitsnachweis haben. Für vorbeugend wirksame Holzschutzmittel wurden folgende Prüfprädikate vergeben:

- **IV** gegen Insekten vorbeugend wirksam
- **P** gegen Pilze vorbeugend wirksam
- **W** auch unter Witterungseinfluss wirksam, nicht aber im Erdkontakt
- **E** für extreme Beanspruchung (Erdkontakt oder ständiger Wasserkontakt)
- **B** gegen Verblauen

Die Eindringtiefe wird mit NP (New Penetration Class) von 1 (nur oberflächlicher Schutz) bis NP 6 (gesamtes Splintholz) nach DIN EN 352-1 beschrieben. Die Erfolgsaussicht hängt neben der technischen Durchführung auch maßgeblich an der zu schützenden Holzart. Deshalb werden Toleranzen beim Nachweis der Einbringtiefe und -menge vereinbart. Tragendes, chemisch geschütztes Holz wird künftig ausschließlich mit CE-Kennzeichen vermarktet.

Anmerkung

Das beinhaltet, dass bei einer Bearbeitung dieser Hölzer die geschützten Holzteile beschädigt werden. Diese sollen durch eine Nachbehandlung den erforderlichen Schutz erhalten. Dies soll auch für Trockenrisse gelten. Aus technischer Sicht muss diese Vorgehensweise als kritisch und in der Praxis als nur sehr schwer wirksam und umsetzbar angesehen werden. Sinnvoller wäre eine dem Stahlbau angeglichene Vorgehensweise, bei der zuerst das Holz bearbeitet und danach durch Behandlung der Oberfläche auch in Bohrungen und Schlitzen das Holzschutzmittel aufgebracht wird.

Geschütztes Holz muss dauerhaft gekennzeichnet werden.

7.1.4   Teil 4: Bekämpfender Holzschutz

Eine Bekämpfung muss von geeigneten Fachleuten geplant, ausgeführt und überwacht werden. Für einfache Fälle werden Regelsanierungen festgelegt. Es dürfen nur geeignete und zugelassene Schutz- und Bekämpfungsmittel angewendet werden. Das Heißluftverfahren ist zur Bekämpfung von Insekten zugelassen.

Bei der Bekämpfung von Pilzen muss zwischen dem Echten Hausschwamm und Nassfäulepilzen unterschieden werden. In jedem Fall muss die Wasserquelle beseitigt werden. Geschädigtes Holz muss in Abhängigkeit zum Schadensorganismus zurückgeschnitten und das angrenzende Mauerwerk behandelt werden. Beim EHS muss das Holz einen Meter weit zurückgeschnitten und das Mauerwerk 1,5 m weit behandelt werden. Bei Nassfäulepilzen reicht ein Rückschnitt von 30 cm.

Die Regelsanierung bei der Bekämpfung gegen Insekten sieht vor, dass vermulmtes Material entfernt wird und eine Bekämpfung mit chemischen Stoffen oder mit Hitze erfolgt.

Bei der Bekämpfung mit Gasen ist zwischen erstickenden und toxischen Gasen zu unterscheiden.

Nach einer Bekämpfungsmaßnahme muss diese dokumentiert und in der Hausakte niedergelegt werden.

7.2   DIN 4074- 1 2012-06: Sortierung von Nadelholz nach Tragfähigkeit

Anhand von Zeichnungen werden Holzschädigungen wie Äste und Risse definiert und die Zulässigkeit in Abhängigkeit zur Sortierklasse S 7; S 10 und S 13 für Latten, Bretter, Bohlen und Balken festgelegt.

7.3   DIN 68365 2008-12: Schnittholz für Zimmerer, Sortierung nach Aussehen

Anhand von Zeichnungen werden Holzschädigungen wie Äste und Risse definiert und die Zulässigkeit in Abhängigkeit zur Güteklasse 1; 2 und 3 für Latten, Bretter, Bohlen und Balken festgelegt.

7.4   DIN EN 335 2013-06: Dauerhaftigkeit von Holz und Holzprodukten, Gebrauchsklassen und Anwendung

Diese Norm legt Gebrauchsklassen fest, die verschiedene Nutzungssituationen, denen Holz und Holzprodukte ausgesetzt sein können, repräsentieren. Sie legen keine Gebrauchsdauer für das Holz fest.

7.5   DIN EN 350 -2016: natürliche Dauerhaftigkeit von Holz und Tränkbarkeit

Diese Norm gibt eine Anleitung zur Bestimmung und Klassifizierung der Dauerhaftigkeit und Tränkbarkeit von Holz und Holzprodukten gegen holzzerstörende Organismen. In einer Tabelle werden Angaben zu ausgewählten Holzarten gegeben.

7.6   DIN EN 1995-1-1 2010-12 Eurocode 5: Bemessung und Konstruktion von Holzbauten

Diese Norm gilt für die Bemessung und Konstruktion von Hochbauten und Ingenieurbauwerken aus Holz.

7.7   DIN EN 15228 2009-08: Bauholz mit Schutzmittelbehandlung gegen biologischen Befall

In der DIN EN 15228 sind die wichtigsten Anforderungen an die Schutzmittelbehandlung und die CE-Kennzeichnung festgelegt.

Was Sie aus diesem *essential* mitnehmen können

- Die wichtigsten Grundlagen zum Werkstoff Holz.
- Planungshinweise, um Holz schadenfrei zu verwenden und korrekt zu verarbeiten.
- Vorgehensweisen zur Untersuchung der Bausubstanz und Bewertung eines Schadbildes.
- Sicherheit im Umgang mit Fachleuten und alternativen Sanierungsmethoden.

© Springer Fachmedien Wiesbaden GmbH, ein Teil von Springer Nature 2018
B. Kopff, *Holzschutz in der Praxis,* essentials,
https://doi.org/10.1007/978-3-658-21488-3

Literatur

1. FAOSTAT. (2011). http://www.fao.org/faostat/en/#home. Zugegriffen: 5. Feb. 2018.
2. Richter, C. (2012). *Skripte EIPOS Fortbildung zum Sachverständigen für Holzschutz* (Quelle: Dr.-Ing. Dipl.-Chem. Christoph Dozent EIPOS).
3. Borsch-Laaks, R. (2014). Oben bleiben. *Holzbau quadriga 1.*
4. Böttcher, P. (2005). Vorbehandlung des Holzes. In: Müller, J. (Hrsg.), *Holzschutz im Hochbau.* Stuttgart: Fraunhofer IRB Verlag.

Weiterführende Literatur

5. Binker, G., Flohr, E., Brückner, G., & Huckfeldt, T. (2014). *Praxishandbuch Holzschutz.* Köln: Rudolf Müller.
6. Marutzky, R. (Hrsg.). (2013). *Holzschutz. Praxiskommentar zu DIN 68800* (2. Aufl.). Berlin: Beuth (Sonderdruck DHBV).

© Springer Fachmedien Wiesbaden GmbH, ein Teil von Springer Nature 2018
B. Kopff, *Holzschutz in der Praxis,* essentials,
https://doi.org/10.1007/978-3-658-21488-3

}essentials{

„Schnelleinstieg für Architekten und Bauingenieure"

Gut vorbereitet in das Gespräch mit Fachingenieuren, Baubehörden und Bauherren! „Schnelleinstieg für Architekten und Bauingenieure" schließt verlässlich Wissenslücken und liefert kompakt das notwendige Handwerkszeug für die tägliche Praxis im Planungsbüro und auf der Baustelle.

Dietmar Goldammer (2015)
Betriebswirtschaftliche Herausforderungen im Planungsbüro
Print: ISBN 978-3-658-12436-6
eBook: ISBN 978-3-658-12437-3

Christian Raabe (2015)
Denkmalpflege
Print: ISBN 978-3-658-11528-9
eBook: ISBN 978-3-658-11529-6

Michael Risch (2015)
Arbeitsschutz und Arbeitssicherheit auf Baustellen
Print: ISBN 978-3-658-12263-8
eBook: ISBN 978-3-658-12264-5

Ulrike Meyer, Anne Wienigk (2016)
Baubegleitender Bodenschutz auf Baustellen
Print: ISBN 978-3-658-13289-7
eBook: ISBN 978-3-658-13290-3

Rolf Reppert (2016)
Effiziente Terminplanung von Bauprojekten
Print: ISBN 978-3-658-13489-1
eBook: ISBN 978-3-658-13490-7

Florian Schrammel, Ernst Wilhelm (2016)
Rechtliche Aspekte im Building Information Modeling (BIM)
Print: ISBN 978-3-658-15705-0
eBook: ISBN 978-3-658-15706-7

Andreas Schmidt (2016)
Abrechnung und Bezahlung von Bauleistungen
Print: ISBN 978-3-658-15703-6
eBook: ISBN 978-3-658-15704-3

Mehr Titel dieser Reihe finden Sie auf der Folgeseite.